응용수학의 길

The Road for Applied Mathematics

강현배 김도완

인하대학교 출판부

국립중앙도서관 출판예정도서목록(CIP)

응용수학의 길 = The road for applied mathematics / 저자: 강현배, 김도완. -- 인천 : 인하대학교 출판부, 2015
p. ; cm

ISBN 978-89-7407-978-9 93410 : ₩10,000

응용 수학[應用數學]

410-KDC6
510-DDC23 CIP2015024904

Contents

서 문—수학적체험

깊은 사고를 통해 수학적 문제를 해결했을 때의 즐거움을 학생들이 맛볼 수 있게 도울 수 있는 좋은 방법이 없을까? 이 책을 쓰게 된 출발점이 된 질문이다. 스스로 수학적 문제를 해결하는 즐거움은 무엇과도 비교할 수 없을 정도로 크다. 하지만, 수학적 언어로 표현된 추상적 개념에 대해 깊이 생각하고, 또 끈기 있게 복잡한 계산을 수행하는 것은 수학을 공부하기 시작하는 학생들에게는 무척 어려운 일이어서, 상당수의 학생들이 이 어려움을 극복하지 못하고 문제 해결의 즐거움을 맛보지 못하고 만다. 어떻게 이런 학생들을 도울 수 있을까?

우리는, 수학의 추상적 개념과 방법을 이용하여 구체적 문제를 해결하는 다양한 사례를 보여주고 체험하게 하는 것이 큰 도움이 될 것이라 생각한다. 수학의 추상성이 담아낼 수 있는 많은 구체적 문제를 학생들이 체험하게 하는 것이다. 우리는 이것을 '수학적 체험'이라 부르기로 한다. 즉, 자연현상이든 사회현상이든 대상이 되는 현상이나 문제를 수학적으로 모델링하고 그 문제를 수학적 방법을 이용하여 이해하고 해결해 나가는 체험을 말한다. 우리는 많은 수학적 체험이 학생들이 깊이 있는 사고를 통해 문제를 해결할 수 있는 능력을 배양해 가는 과정의 어려움을 이겨내는데 좋은 자양분이 될 것이라 믿는다.

2012년 인하대 수학과에서는 학생들이 다양한 수학적 체험을 할 수 있도록 '응용수학'이라는 이름의 과목을 개설하였다. 수학과에 진학하는 2학년을 대상으로. 하지만 수학적 체험을 담은 좋은 교재를 찾을 수 없었다. 개설 첫 해 수업에서는 응용수학의 방법들을 담은 양서를 교재로 강의를 진행하였는데, 그 강의는 실패였다. 교재가 2학년 학생들에게는 너무 어려운 탓도 있었지만, 응용수학의 방법은 수학적 체험이라는 강의 취지에 맞지 않았기 때문이었다.

2013년 강의를 맡은 김도완 교수는 교안을 스스로 만들기로 결정하고, 수학적 체험의 소재를 선정하고 수학적 방법을 정리하여 교안을 슬라이드로 만드는 수고를 마다하지 않았다. 선정된 소재는 이 책의 장들의 제목인 모래시계, 용수철계, 곡선의 길이 구하기 등 학생들이 이해하기에 무리가 없는 것이었다. 그 다음 해 강의에서는 강현배 교수가 김도완 교수의 교안을 글로 만드는 작업을 하면서 몇 개의 주제를 추가하였다. 이것이 이 책의 골격이 된 것이다. 하지만 이 교재를 책으로 만드는 것은 저자들의 애초 계획이 아니었다. 책으로 만드는 고생을 피하겠다는 게으름도 한 몫을 했지만, 인터넷에 사이트를 개설하여 이 교재를 공유하고, 또 다른 분들이 좋은 주제를 발굴하고 교안을 만들면 새로운 장으로 추가할 수 있도록 하는 것이 계획이었다. 이렇게 책으로 내게 된 것은 그러한 사이트를 운영할 주체를 찾을 수 없었기 때문이다.

현상이나 문제의 설명, 수학적 모델링, 수학적 방법을 이용한 해결(혹은 부분적 해결)의 전 과정이 이 책의 각 장에 포함되도록 노력하였다. 그러므로 각 장은 서로 연관성이 없이 독립적이다. 이 책을 읽는 분들이나 이 책을 교재로 강의를 하시는 분들은 취향에 따라 원하는 장을 골라서 읽거나 강의하시면 된다.

수학적 체험의 좋은 주제들을 추가하여 이 책을 계속 증보해 나가는 것이 우리의 계획이다. 이에 많은 분들의 동참을 부탁드린다. 책의 제목을 '응용수학의 길'로 정한 것은 인하대 교과목의 이름 때문이기도 하고, 또 저자들이 수학적 체험의 소재를 주로 수학의 응용에서 구했기 때문이기도 하다. 하지만 수학적 체험의 방식이 반드시 응용일 필요는 없으며 어떤 형태로든 학생들의 수학적 체험의 범위를 넓혀줄 주제이면 이 책에 포함될 수 있을 것이다.

끝으로 이 책을 다 읽고 초고의 오류를 지적해 준 인하대 대학원생 엄준용, 조준홍, 지용관 군에게 감사드린다. 그리고 이 책의 출판을 맡아준 평생교육원 사회교육팀 문형주 선생님께도 감사의 마음을 전한다.

2015년 8월

저자 강현배, 김도완

1

수학적 모델링-모래시계

과학, 기술, 산업 등 현실에서 해결해야 할 문제를 수학적으로 표현하는 것을 통칭하여 수학적 모델링(mathematical modeling)이라 한다. 현대에 들어와서는 생물, 의학, 공학을 포함한 거의 모든 고급기술 분야에서 수학적 모델링의 중요성이 빠르게 확산되고 있다. 수학적 모델링이 중요한 이유는 문제를 수학적으로 기술함으로써 문제를 정량적으로 다룰 수 있으며, 또 컴퓨터를 이용하여 계산을 할 수 있기 때문이다. 주어진 문제를 수학적으로 모델링하는 방법은 먼저 그 문제에 들어있는 변수들을 찾아내고, 그 문제에 내재되어 있는 법칙을 이용하여 변수들 사이의 관계를 찾아내는 것이다. 변수들 사이의 관계는 보통 변수들과 관련된 방정식의 형태로 표현되는데, 이 방정식을 풀어서 변수들의 값을 구하면 문제가 해결된다.

이 장에서는 모래시계를 설계하는 문제를 가지고 수학적으로 모델링하는 연습한다. 예를 들어 모래의 표면이 일정한 속력으로 내려가도록 모래시계의 모양을 설계하는 문제를 생각해 보자. 수학적인 방법을 이용하지 않는다면 이 문제를 어떻게 다루어야 할까? 난감할 것 같다. 우리는 다음 두 가지 방법으로 모래시계를 설계해보려한다.

[방식 1] 모래시계의 표면이 단위시간당 일정한 속력으로 하강하도록 설계한다.

[방식 2] 모래시계의 모래가 단위시간당 빠져나가는 양이 일정하도록 한다.

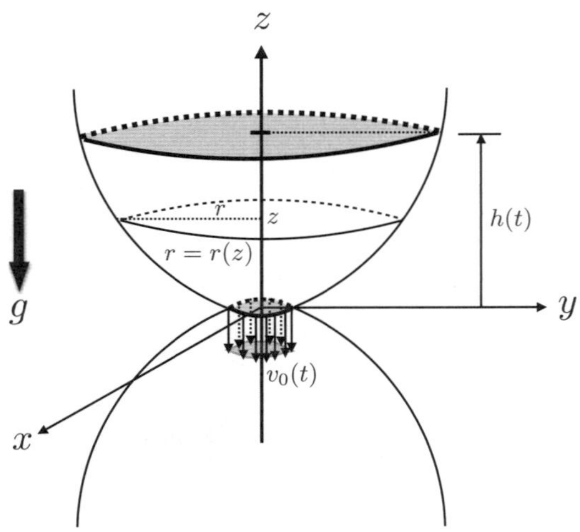

Figure 1.1: 회전체모양의 모래시계 디자인

1.1 모래시계 설계

그림 1.1과 같이 축대칭의 모래시계를 설계하는 것이 이 절의 목적이다. 일상적으로 볼 수 있는 모래시계의 모양이 z축에 대한 회전체라고 가정하고 중력이 z-축의 음의 방향으로 작용한다고 하자. 이런 상황에서 모래시계를 설계한다는 것은 모래시계의 수평단면(원)의 반지름 r을 $z > 0$의 함수로 볼 때, $r = r(z)$를 찾는 것이 된다.(그림 1.1 참조) 그림에서 보면 모래가 중력에 의해 하강해서 배출되기 위한 구멍이 모래시계 중앙에 위치하고 있고 구멍의 단면은 면적이 A_0인 원으로 주어진다. 따라서 구멍의 반지름을 r_0라고 하면

$$r(0) = r_0 = \sqrt{\frac{A_0}{\pi}} \tag{1.1}$$

이 성립한다.

먼저 [**방식 1**]에 따라 모래시계를 설계해 보자. 모래시계의 표면이 일정한 속력으로 내려간다는 것을 어떻게 수학적으로 표현할 수 있을까? 그림 1.1에서 보듯이 어느 시점에서 모래표면의 높이 h는 시간에 따라 변화하므로 $h = h(t)$로 표현할 수 있다. 모래시계 표면의 하강속도는 $h(t)$의 시간 도함수 $h'(t)$로

나타낼 수 있다.[1] 이를 이용하면 **[방식 1]**을 따르는 모래시계는 $h(t)$가 수학적으로

$$h'(t) = -\beta \quad (\beta > 0 : \text{상수}) \tag{1.2}$$

를 만족해야 한다는 제약을 의미한다. 여기서 β 앞에 음부호를 붙인 까닭은 $h(t)$가 시간에 따라 줄어들기 때문이다. 그러므로 모래시계 설계문제는 다음과 같은 수학적 문제로 바뀐다.

수학적 문제 제약조건 (1.2)를 만족하도록 함수 $r = r(z)$를 정하라.

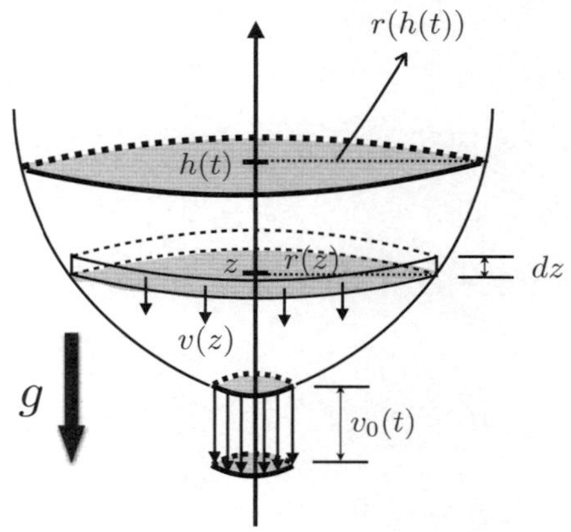

Figure 1.2: 모래시계 설계를 위한 수리 모델링

이제 이 문제를 어떻게 해결할 수 있을까? 이 질문은 어떻게 $r = r(z)$가 만족해야 할 방정식들을 찾을 것인가 하는 문제로 귀결된다. 많은 경우 어떤 자연적 현상을 수학적으로 모델링하는 방법은 그 현상 속에 내재한 물리적 법칙, 특히 보존 법칙(질량 보존, 모멘텀 보존, 에너지 보존 등)에 기초한다. 이러한 물리법칙을 적용하기 위해서 우리는 모래의 움직임에 대한 타당한 가정을 할 것이다.

가정 1 모래들은 동일한 밀도 ρ를 갖는 균질한 물체로 흘러 갈 수 있다고 간주

[1] 양(+)의 속도 방향을 중력 방향으로 정한다.

한다.

가정 2 모래시계의 하강면은 초기에 z-축에 수직하다.

가정 3 모래시계내의 z-좌표가 같은 모래들(같은 높이에 위치한 모래들)은 중력 방향으로 같은 속력으로 하강한다.

가정 4 하강하는 모래와 모래시계와의 마찰은 무시한다.

여기서 특히 주목해야할 것은 **가정 3**이다. 이 가정은 모래가 중력에 의해 아래로 흘러 내려가는데 그 속도가 항상 중력방향이고 같은 높이에 있는 모래는 같은 크기의 속도를 갖는다는 것을 의미하므로 모래의 속도는 z 변수만의 함수라는 것을 가정하는 것과 같다. 즉, 그림 1.2에서 처럼 모래의 속도 $v = v(z)$로 생각한다. 이는 사실과 다르지만 모래가 축대칭모양을 유지할 경우 높이 z에 있는 모래들의 평균속도를 $v(z)$라고 간주할 수도 있다.

이제 질량보존 법칙을 적용하기 위해 모래의 질량을 계산하자. 그림 1.2에서 처럼 시간 t에서 모래시계내부의 $z \geq 0$에 갇혀있는 모래의 하강면의 높이가 $h(t)$이므로 질량은

$$m(t) = \int_0^{h(t)} \rho\,\pi\,r(z)^2\,dz \tag{1.3}$$

로 계산된다. 질량보존의 법칙에 따르면, 질량 $m(t)$의 시간 변화율과 $z = 0$에 위치한 면적 A_0인 원형의 구멍을 통해 단위 시간당 모래가 빠져나가는 질량이 일치해야 한다. 구멍을 통해 빠져내려가는 모래의 속도을 $v_0(t)$라고 두면[2], 구멍을 통해서 빠져나가는 모래의 양은 $\rho A_0 v_0(t)$가 되는데 이 양이 모래의 질량 $m(t)$의 시간 변화율 $m'(t)$과 같아야 한다. 즉, 우리는 질량 보존의 법칙

$$m'(t) = -\rho\,A_0\,v_0(t)$$

를 얻게 된다. 식 (1.3)을 시간 t로 미분하면 $m'(t) = h'(t)\,\rho\,\pi\,r^2(h(t))$이고, 구멍의 반지름이 r_0이므로 $A_0 = \pi r_0^2$이 되어 결국

$$h'(t)\,r^2(h(t)) = -r_0^2 v_0(t) \tag{1.4}$$

[2] **가정 3**에 의해 구멍 의 모든 지점에서 동일한 속력이 된다.

가 성립한다. 이는 다시 **가정 3**에 의해

$$v(h(t))\,r^2(h(t)) = v_0(t)\,r_0^2 \tag{1.5}$$

로 쓸 수 있다. 여기서, $v(h(t)) = -h'(t)$로 하강면의 속도를 나타낸다. 우리는 이 식을 연속방정식(continuity equation)이라고 부른다. 그 이유는 양변에 $\rho\pi$를 곱해보면 자명하다. 실제로 좌변은 하강면에서 단위시간당 없어진 모래의 질량이고 우변은 구멍을 통해 단위 시간당 빠져나간 모래의 질량이기 때문이다. **가정 1**을 비압축성(incompressibility)이라고 하는데 방정식 (1.5)는 여기에 기인해서 유도된 방정식이다.

결국 [**방식 1**]에 의한 모래시계를 디자인하기 위해서는 식 (1.5)에 제약조건 (1.2)을 적용하여 우리의 첫번째 방정식

$$\beta\,r^2(h(t)) = v_0(t)\,r_0^2 \tag{1.6}$$

를 얻는다. 그러나 방정식 (1.6)는 아직 알 수 없는 양 $v_0(t)$를 포함하고 있으므로, 부가적인 방정식이 필요하다. 이를 위해 또 하나의 물리법칙인 에너지 보존법칙을 적용할 것이다.[3]

그림 1.2를 보고 일단 시간 t 시점에서 모래시계의 $z \geq 0$에 있는 모래덩어리를 $V(t)$라고 하자. $V(t)$가 갖는 총 역학에너지를 계산해보자. 역학에너지(mechanical energy)는 위치에너지(potential energy)와 운동에너지(kinetic energy)의 합으로 구성되므로 시간 t에서 $V(t)$의 총 역학에너지를 $E(t)$라고 하면 **가정 1-가정 4**에 의해

$$E(t) = \int_0^{h(t)} \left(\rho\pi r^2(z)\right)\, g\,z\,dz + \int_0^{h(t)} \frac{1}{2}\left(\rho\pi r^2(z)\right)\, v^2(z)\,dz. \tag{1.7}$$

여기서, 우변의 첫째항이 위치에너지를, 둘째항이 운동에너지를 나타낸다.

한편, $V(t)$의 역학에너지 $E(t)$의 시간변화율이 의미하는 것은 단위 시간당 $V(t)$의 경계를 통해 빠져나가고 들어오는 에너지와 주변에서 $V(t)$에 가해진

[3] 이상유체(ideal fluid)에 적용되는 베르누이(Bernoulli) 원리 혹은 법칙으로 알려져 있다.

힘에 의해 단위 시간당 이루어진 일(work)의 합이다. 따라서, 우리는

$$E'(t) = -\frac{1}{2}\left(\rho A_0 v_0(t)\right) v_0^2(t) + p_a \pi r^2(h)\beta - p_a A_0 v_0(t) \tag{1.8}$$

를 얻는다. 여기서, 우변의 첫째항은 $V(t)$의 아래 경계(구멍)로 단위 시간당 빠져나가는 운동에너지이고 둘째항은 $V(t)$의 상부면(하강면)을 통해 대기압 p_a가 단위 시간당 $V(t)$에 해준 일의 양이고 마지막 세번째항은 $V(t)$의 하부면(구멍)을 톧해 대기압 p_a가 단위 시간당 $V(t)$에 해준 일의 양이다. $V(t)$의 그 외 경계는 모래시계와 접한 옆면인데 **가정 4**에 의해 이면을 통한 외력은 면에 항상 수직하게 작용하기 때문에 $V(t)$에 어떤 일도 해주지 않는다.

그런데 식 (1.6) 때문에 등식 (1.8)의 우변의 끝의 두항은 상쇄되어 없어진다. 등식 (1.8)의 좌변 $E'(t)$을 계산하고 정리하면 에너지 보존 법칙

$$g\,h(t) + \frac{1}{2}v^2(h(t)) = \frac{1}{2}v_0^2(t)\left(\frac{r_0^2\, v_0(t)}{r^2(h(t))\, v(h(t))}\right) \tag{1.9}$$

을 얻는다. 질량보존법칙인 등식 (1.8)를 사용하면 추가적인 방정식

$$g\,h(t) + \frac{1}{2}v^2(h(t)) = \frac{1}{2}v_0(t)^2 \tag{1.10}$$

를 얻게 된다. 이 방정식은 그림 1.2의 상황에서의 베르누이(Bernoulli) 법칙이다.

이제 방정식 (1.6)와 (1.10)에서 $v_0^2(t)$을 소거하고 $v(h(t)) = -\beta$라는 사실을 적용하면 어렵지않게

$$r(h) = r_0\left(1 + \frac{g\,h}{\frac{1}{2}\beta^2}\right)^{\frac{1}{4}} \tag{1.11}$$

을 얻을 수 있다. 이제 구멍의 반지름 r_0와 모래 표면이 내려가는 속력 β를 정해주면 모래시계의 모양 $r = r(z)$을 유일하게 구할 수 있다. 한가지 예로서 $r_0 = 0.2$(cm), $\beta = 0.05$(cm/s)일 때의 모래시계의 모양이 그림 1.3에 계산되어 그려져 있다.

[방식 2]를 따르는 모래시계를 설계해보자. 이번에는 조건이 구멍으로 빠

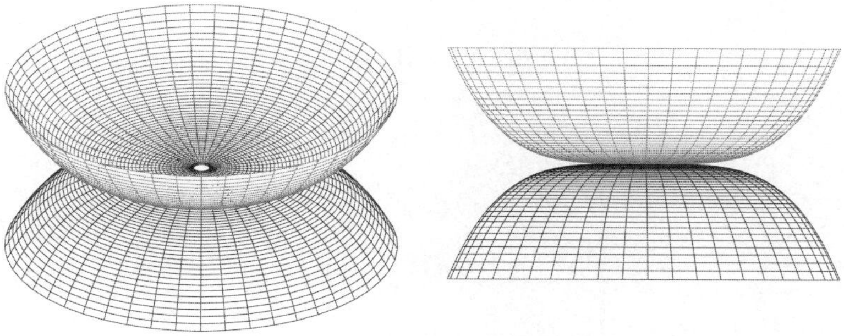

Figure 1.3: 설계된 모래시계: $r = 0.2$[cm], $\beta = 0.05$[cm/s]

져나가는 모래의 양이 일정하다는 것이므로 수식으로는

$$A_0\, v_0(t) = Q_0 \tag{1.12}$$

으로 표현할 수 있다. 여기서 Q_0는 주어진 상수이다. 그러면 질량보존식 (1.5) 으로 부터

$$h'(t)\, r^2(h(t)) = -\frac{Q_0}{\pi} \tag{1.13}$$

를 얻는다. 이번 경우에는 방정식 (1.13)에 $h'(t)$가 아직 모르는 함수가 된다. 에너지보존을 나타내는 방정식 (1.10)로 부터 추가적인 방정식

$$g\, h(t) + \frac{1}{2} h'(t)^2 = \frac{1}{2}\left(\frac{Q_0}{A_0}\right)^2 \tag{1.14}$$

를 얻을 수 있다. 위 두 식에서 $h'(t)$를 소거하면

$$r(h) = \left(\frac{1}{r_0^4} - 2\left(\frac{\pi}{Q_0}\right)^2 g\, h\right)^{-\frac{1}{4}} = r_0\left(1 - 2\left(\frac{A_0}{Q_0}\right)^2 g\, h\right)^{-\frac{1}{4}} \tag{1.15}$$

를 얻는다.

연습문제 1.1 *구멍에서 빠져나가는 모래의 양이 αh^2가 되도록 모래시계를 설계하라. 여기서 α는 주어진 상수이고 h 는 모래 표면의 높이이다.*

연습문제 1.2 *모래 표면이 일정한 속력으로 하강할 때, 모래가 다 빠져나가는데 걸리는 시간이 한 시간이 되도록 하려면 모래의 양이 얼마나 되어야 하는가?*

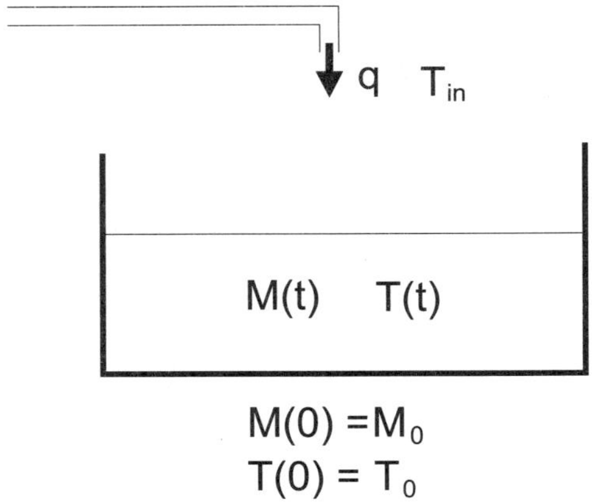

Figure 1.4: 물의 유입에 따른 질량과 열량의 변화모델

연습문제 1.3 *그림 1.4에서 처럼 질량이* M_0*이고 온도가* T_0*인 물이 담긴 용기에 온도가* T_{in}*인 물을 시간 당 질량* q *만큼 붓고 있다. 시간* t*에서의 질량을* $M(t)$*, 온도를* $T(t)$ *라 할 때, 질량보존의 법칙과 열량보존의 법칙을 이용하여 다음 질문에 답하라. 단, 질량이* M*이고 온도가* T*인 물의 열량은* $M \times T$*로 정의한다.*

(a) $M(t)$*를 구하라.*

(b) $M(t)$*와* $T(t)$*의 관계식을 구하라.*

(c) $T(t)$*를 구하고, 물의 최종온도* $T_\infty = \lim_{t\to\infty} T(t)$*를 구하라.*

마무리

이 장에서 물리적 법칙을 이용하여 어떤 현상을 수학적으로 모델링하는 방법에 대해, 모래시계라는 간단한 예를 가지고 공부하였다. 즉 모래의 표면이 하강하는 속력이 일정하거나, 모래시계 구멍을 통해 빠져나가는 모래의 양이 일정하다는 현상을 부피보존 법칙과 베르누이의 원리를 이용하여 수학적으로 모델링하였다. 모든 수학적 모델링 문제는 비록 모래시계의 예보다는 복잡할지 모르지만, 그 모델링의 기본 원리는 비슷하다.

토의 1.1 [**방식 1**]*과* [**방식 2**]*는 시간 눈금을 어떻게 모래시계에 새겨야하는지 생각해보자.*

참고로 다음과 같은 법칙이 어떻게 성립하는지를 생각해보자.

토의 1.2 *(***Bernoulli Principle***) 이상유체(ideal fluid)로 가정된 모래의 연속적 흐름을 고려하자. 중력이 z-축의 음의 방향으로 작용한다도 할 때, 임의의 점 $\mathbf{x} = (x, y, z)$에서 모래의 압력을 $p(\mathbf{x})$, 속력을 $v(\mathbf{x})$라 하면 다음 방정식이 만족된다.*

$$p(\mathbf{x}) + \rho\, g\, z + \frac{1}{2}\rho\, v(\mathbf{x})^2 = C \tag{1.16}$$

여기서, ρ는 상수밀도를, g는 중력가속도를, C는 점 $\mathbf{x}$와 무관한 상수를 나타낸다.

2

순위매기기와 최적화

현대세계에서 등급매기기(rating)과 그 등급 바탕으로 순위를 매기는 일(ranking)은 일상적으로 이루어지고 있다. 웹페이지 순위, K리그의 축구팀 순위, 금주의 대중가요 순위, 대학 순위 등 순위매기기의 예는 무수히 많은데, 대표적으로 구글은 웹페이지의 등급을 매기는 PageRank 시스템을 만들어 세계적인 기업으로 성장하였다. 이러한 순위 중에는 비교적 가볍게 받아들일 수 있는 것도 있지만, 국가 예산 집행 순위 등과 같이 우리들의 삶에 직접적인 영향을 미치는 것도 있다. 따라서 올바르게 등급을 매기는 것이 매우 중요해지고 있다. 이러한 필요 때문에 수학적 기법을 이용하여 등급을 매기는 알고리즘들이 많이 개발되었는데, 이 장에서는 최적화 방법을 이용하는 간단한 방법인 매씨(Massey) 방법에 대해서 공부한다.

한국여자배구리그에 속한 팀을 예로 하여 순위매기기의 수학적 모델을 살펴보기로 하자. 여자배구리그를 선택한 이유는 리그에 속한 팀의 수가 적기 때문이다. 이 장에서 공부할 순위매기는 방법은 축구리그, 야구리그, 농구리그 등에도 적용할 수 있다. 한국여자배구리그에는 GS 칼텍스, KGC 인삼공사, 도로공사, IBK 기업은행, 흥국생명, 현대건설 등 총 여섯 팀이 속해 있다. 표 2.1는 여자배구 NH 농협 2011-2012 V-리그 제 1 라운드 기록인데, 이것을 이용하여 각 팀의 순위를 매기는 방법에 대해서 공부한다.

Table 2.1: NH농협 2011-2012 V-리그(여자부) 제 1 라운드 기록. 출처: 한국배구연맹, www.kovo.co.kr

	GS	KGC	도로	IBK	흥국	현대
GS		0-3	3-1	3-1	3-2	3-1
KGC	3-0		2-3	1-3	2-3	1-3
도로	1-3	3-2		2-3	3-1	3-2
IBK	1-3	3-1	3-2		0-3	3-1
흥국	2-3	3-2	1-3	3-0		3-1
현대	1-3	3-1	2-3	1-3	1-3	

2.1 등급매기기의 수학적 모델

각 팀에 등급을 부여하는 원리는 각 팀에 부여된 등급과 팀 간의 경기 결과 사이의 관계를 설정하고, 이 관계에 따른 데이터로 주어진 경기 결과들이 나오도록 각 팀에 등급을 부여하는 것이다. 그러므로 등급매기기에서 중요한 일은 등급과 경기 결과 사이의 올바른 관계를 설정하는 것과 주어진 데이터가 나오도록 하는 등급을 구하는 알고리즘을 만들어내는 것이다. 등급과 경기 결과 사이의 관계를 설정하는 방법은 운동경기, 예산편성 등 주어진 상황에 따라 다르고, 운동경기에서도 배구, 축구 등 종목에 따라 달라질 수 있다. 사실 이 관계를 설정하는 방법에 따라 등급을 매기는 방법이 달라지며, 많은 등급매기기 방법이 제안된 바 있다. 이 장에서는 그 중 비교적 간단한 매씨(Massey)의 방법에 대해서 공부한다.

r_i를 i번째 팀의 등급(실수), b_{ij}를 i번째 팀과 j번째 팀 간의 경기에서 i번째 팀이 얻은 점수와 j번째 팀이 얻은 점수의 차이라고 하면, 매씨의 방법은 각 팀의 등급와 경기 결과 사이의 관계를 다음과 같이 설정한다.

$$r_i - r_j = b_{ij}. \tag{2.1}$$

즉, 매씨의 방법은 i번째 팀의 등급과 j번째 팀의 등급의 차이가 i번째 팀의 점수와 j 번째 팀의 점수의 차이가 되도록 각 팀의 등급을 정하는 것이다. 문제는 경기의 수가 팀의 수보다 일반적을 훨씬 많아 이러한 관계를 정확히 만족하도록 등급을 부여할 수 없다는 점이다. 이런 경우 어떻게 해야 할까?

표 2.1에 있는 순서로 여자배구팀의 순서를 정하면, r_1은 GS 칼텍스의 등급, r_2는 KGC 인삼공사의 등급이 된다. 표 2.1를 관계식 (2.1)에 따라 첫 줄부터 순서대로 나타내면 다음과 같이 된다.

$$\begin{aligned} r_1 - r_2 &= -3 \\ r_1 - r_3 &= 2 \\ &\vdots \\ r_5 - r_6 &= 2. \end{aligned}$$

이 식은 총 15개인데, 그것은 전체 경기수를 나타낸다. 예를 들어, 첫번째 식은 GS가 KGC에 3점 차이로 이겼다는 것을 나타내며, 마지막 식은 현대캐피탈이 흥국생명에 2점 차이로 이겼다는 것을 나타낸다. 이 연립방정식을 풀어 $r_1, \ldots, r_6$을 구하면, 그것이 우리가 구하는 각 팀의 등급이 된다. 다시 강조할 점은 일반적으로 경기의 수가 팀의 수보다 훨씬 많으므로, 이 연립방정식에는 방정식의 수(경기의 수)가 미지수의 수(팀의 수)보다 많아 이 연립방정식은 해가 없을 수도 있다는 것이다.

위 연립방정식을 행렬을 써서 나타내면

$$\begin{bmatrix} 1 & -1 & 0 & 0 & 0 & 0 \\ 1 & 0 & -1 & 0 & 0 & 0 \\ \vdots & \vdots & \vdots & \vdots & \vdots & \vdots \\ 0 & 0 & 0 & 0 & 1 & -1 \end{bmatrix} \begin{bmatrix} r_1 \\ r_2 \\ \vdots \\ r_6 \end{bmatrix} = \begin{bmatrix} -3 \\ 2 \\ \vdots \\ 2 \end{bmatrix}$$

가 되는데, 이를 간단히

$$A\mathbf{r} = \mathbf{b} \tag{2.2}$$

로 쓰면, A는 15×6 행렬이고, $\mathbf{r}$이 우리가 구하고자 하는 등급을 나타내는 6×1 행렬(벡터)이며, $\mathbf{b}$는 경기결과 데이터를 나타내는 15×1 행렬(벡터)이다.

일반적으로 n개의 팀이 총 m번의 경기를 했다면, A는 $m \times n$, $\mathbf{r}$은 $n \times 1$,

$\mathbf{b}$는 $m \times 1$ 행렬이 된다. 방정식의 계수를 나타내는 행렬 A는 특별한 구조를 가지고 있다. 각 행에 나타나는 숫자의 합은 0이고, 또 대부분의 항이 0이 되는 성긴 행렬이다.

2.2 최소제곱법을 이용한 최적해

A가 $m \times n$ 행렬[1]이고 $m > n$ 이면, 방정식 (2.2) 은 일반적으로 해를 가지지 않는다. 이 경우에 방정식 (2.2)의 해를 어떻게 정의할 수 있을까?

벡터 $\mathbf{r}$이 방정식 (2.2)의 해라면

$$\|A\mathbf{r} - \mathbf{b}\| = 0$$

이 된다. 여기서 $\|\mathbf{v}\|$는 벡터 $\mathbf{v}$의 크기, 즉

$$\|\mathbf{v}\| = (v_1^2 + \dots v_m^2)^{\frac{1}{2}}$$

을 나타낸다. 이 사실을 자연스럽게 확장하여, (2.2)가 해를 가지지 않을 때에도 그 방정식의 해를 $\|A\mathbf{r} - \mathbf{b}\|^2$이 최소가 되는 $\mathbf{r}$로 정의하는데, 이 해를 선형방정식 (2.2)의 최소제곱해(least square solution)라 하고, 이렇게 해를 구하는 방법을 최소제곱법(least squares method)이라 한다. 다시 말하여 $\mathbf{r}_*$가 (2.2)의 최소제곱해이면, 모든 벡터 $\mathbf{r}$에 대하여 부등식

$$\|A\mathbf{r}_* - \mathbf{b}\| \leq \|A\mathbf{r} - \mathbf{b}\|$$

가 성립한다. 즉, 최소제곱해란 $\|A\mathbf{r} - \mathbf{b}\|$가 최소가 되는 인수(argument)인데, 기호로

$$\mathbf{r}_* = \operatorname{argmin}_{\mathbf{r}} \|A\mathbf{r} - \mathbf{b}\|^2 \tag{2.3}$$

로 표시한다.

이제 최소제곱해를 구하는 방법을 알아보자. $\mathbf{r}_*$를 (2.2)의 최소제곱해라

[1]이 절에서 다루는 내용은 일반적인 $m \times n$ 행렬에 대하여 성립한다.

하고, $\mathbf{r}$을 임의의 n-벡터라 하자. 그러면, 임의의 실수 t 에 대해

$$\|A(\mathbf{r}_* + t\mathbf{r}) - \mathbf{b}\|^2 - \|A\mathbf{r}_* - \mathbf{b}\|^2 \geq 0 \tag{2.4}$$

이 성립한다. 그런데,

$$\|A(\mathbf{r}_* + t\mathbf{r}) - \mathbf{b}\|^2 - \|A\mathbf{r}_* - \mathbf{b}\|^2 = t^2\|A\mathbf{r}\|^2 + 2t(A\mathbf{r}_* - \mathbf{b}) \cdot A\mathbf{r}$$

이므로, 부등식 (2.4)이 모든 실수 t에 대해서 성립하려면

$$(A\mathbf{r}_* - \mathbf{b}) \cdot A\mathbf{r} = 0$$

이 되어야 한다. 즉,

$$A^T(A\mathbf{r}_* - \mathbf{b}) \cdot \mathbf{r} = 0$$

성립해야 한다[2]. 이러한 성질이 모든 벡터 $\mathbf{r}$ 에 대해서 성립하므로, $\mathbf{r} = A^T(A\mathbf{r}_* - \mathbf{b})$ 를 대입하면

$$A^TA\mathbf{r}_* = A^T\mathbf{b} \tag{2.5}$$

가 성립해야 하는데, 이 방정식을 (2.2)의 표준방정식(normal equation)이라 부른다.

결론적으로 (2.2)의 최소제곱해를 구하려면 방정식 (2.5)을 풀면 된다. 일반적으로 $(A^TA)^T = A^TA$이므로, 표준방정식에서 A^TA는 대칭행렬이며, 크기는 $n \times n$이다. 한 가지 강조할 점은 행렬 A^TA도 가역이 아닐 수 있다는 점이다.

연습문제 2.1 *표준방정식 (2.5)의 해는 방정식 (2.2)의 최소제곱해가 된다는 것을 증명하라.*

---

[2] 여기서는 $\mathbf{a} \cdot A\mathbf{b} = A^T\mathbf{a} \cdot \mathbf{b}$라는 사실을 사용하고 있는데, 이것은 행렬의 곱과 내적의 정의를 이용하여 쉽게 증명할 수 있다.

연습문제 2.2 *(i) 방정식*

$$\begin{bmatrix} 1 & 0 \\ 2 & 1 \\ 0 & 2 \end{bmatrix} \begin{bmatrix} r_1 \\ r_2 \end{bmatrix} = \begin{bmatrix} 0 \\ 0 \\ 1 \end{bmatrix}$$

은 해가 없음을 보여라.

(ii) 위 방정식의 최소제곱해를 구하라.

2.3 매씨방법에 의한 순위

이제 2.1절에서 다룬 행렬 A에 대하여 최소제곱법을 적용해 보자. 이 경우 행렬 A^TA의 각 항은 특별한 의미를 가진다. $A^TA = (c_{ij})$라 두면, c_{ii}는 A의 i번째 열을 자신과 내적을 취한 것이므로 i번째 팀이 시합한 총 경기수이다. 같은 방법으로 $c_{ij}(i \neq j)$ 는 i번째 팀과 j번째 팀이 시합한 경기수에 음부호를 붙인 것임을 알 수 있다. 이로 부터 A^TA의 각 열에 있는 항들을 다 더하면 0이 된다는 것을 알 수 있다. 또, (2.5)의 오른쪽에 있는 벡터 $A^T\mathbf{b}$도 특별한 의미를 지니고 있다. 이 벡터의 i번째 항은 i번째 팀이 시합한 경기의 점수차의 합이 된다. 그러므로 벡터 $A^T\mathbf{b}$의 각 항을 모두 더하면 0이 된다.

이제 여자배구리그의 예에서는 표준방정식이

$$M\,\mathbf{r} \equiv \begin{bmatrix} 5 & -1 & -1 & -1 & -1 & -1 \\ -1 & 5 & -1 & -1 & -1 & -1 \\ -1 & -1 & 5 & -1 & -1 & -1 \\ -1 & -1 & -1 & 5 & -1 & -1 \\ -1 & -1 & -1 & -1 & 5 & -1 \\ -1 & -1 & -1 & -1 & -1 & 5 \end{bmatrix} \begin{bmatrix} r_1 \\ r_2 \\ r_3 \\ r_4 \\ r_5 \\ r_6 \end{bmatrix} = \begin{bmatrix} -4 \\ 3 \\ -1 \\ 0 \\ -3 \\ 5 \end{bmatrix} \equiv \mathbf{p} \qquad (2.6)$$

이 된다는 것을 행렬의 곱 A^TA이나 $A^T\mathbf{b}$를 계산하지 않고도 알 수 있다. 이 방정식에 나타난 행렬을 M이라 나타내자. 이 행렬은 흥미로운 구조를 가지고 있는데, 우선 각 열의 항들을 더하면 모두 0이 된다는 것을 알 수 있다. 이것은 특별히 이 행렬이 가역행렬[3]이 아님을 의미한다 (왜 그런가?). 따라서 일반적으로 방정식 $M\mathbf{r} = \mathbf{p}$의 해가 존재하지 않을 수 있다. 하지만 (2.6)에서 $\mathbf{p}$의 각 항을 더하면 0이 되는데, 이로 부터 (2.6)가 해를 가진다는 것을 알 수 있다. 여기서는 해를 구체적으로 구해 보기로 하자.

먼저, 임의의 실수 c에 대해

$$\mathbf{c} = \begin{bmatrix} c \\ \vdots \\ c \end{bmatrix}$$

라 두면, $M\mathbf{c} = 0$을 만족한다. 따라서 $\mathbf{r}$이 $M\mathbf{r} = \mathbf{p}$의 해라면, $\mathbf{r} + \mathbf{c}$도 역시 같은 방정식의 해가 된다는 것을 알 수 있다. 이것은 각 팀의 등급에 같은 수를 더해도 역시 해가 된다, 즉 등급에는 변화가 없다는 의미이다. 상수 c 를 잘 선택하면, 방정식의 해 $\mathbf{r}$이

$$r_1 + r_2 + \ldots + r_6 = 0 \tag{2.7}$$

을 만족하도록 할 수 있는데, 우리한 이러한 성질을 만족하는 해를 구한다. 행렬 M은 매우 특수한 형태의 행렬인데 이 행렬을 일반적인 경우로 확장하여 이와 연관된 방정식의 해법에 대해서는 이 장의 끝에서 토론하기로 하자.

행렬 M에서 마지막 행과 열을 삭제한 행렬을 $\overline{M}$로 표기하고 그와 관련해서 $\overline{\mathbf{r}}$과 $\overline{\mathbf{p}}$를 다음과 같이 두자. 즉,

$$\overline{M} \equiv \begin{bmatrix} 5 & -1 & -1 & -1 & -1 \\ -1 & 5 & -1 & -1 & -1 \\ -1 & -1 & 5 & -1 & -1 \\ -1 & -1 & -1 & 5 & -1 \\ -1 & -1 & -1 & -1 & 5 \end{bmatrix}, \quad \overline{\mathbf{r}} \equiv \begin{bmatrix} r_1 \\ r_2 \\ r_3 \\ r_4 \\ r_5 \end{bmatrix}, \quad \overline{\mathbf{p}} \equiv \begin{bmatrix} -4 \\ 3 \\ -1 \\ 0 \\ -3 \end{bmatrix}. \tag{2.8}$$

[3]행렬 B에 대하여 $B^{-1}B = I$(I는 단위행렬)를 만족하는 행렬 B^{-1}를 B의 역행렬이라 하는데, 가역행렬이란 역행렬이 존재하는 행렬을 일컫는다.

Table 2.2: NH농협 2011-2012 V-리그(여자부) 제 1 라운드 순위 (매씨의 방법)

순위	팀	등급
1	현대건설	5
2	KGC	$-0.3\cdots$
3	IBK	$-0.83\cdots$
4	도로공사	-1
5	흥국생명	$-1.3\cdots$
6	GS	-1.5

여기서 행렬 $\overline{M}$은 가역행렬이 되고[4] 줄어진 방정식

$$\overline{M}\,\bar{\mathbf{r}} = \bar{\mathbf{p}} \tag{2.9}$$

을 풀어 $\bar{\mathbf{r}}$을 구한 다음, r_6은 조건 (2.7)을 만족하도록 $r_6 = -(r_1 + \ldots + r_5)$로 정하면 된다. 방정식 (2.9)은 Matlab 등을 이용하면 쉽게 풀 수 있는데, 그 해는

$$r_1 = -1.5,\ r_2 = -0.3\cdots,\ r_3 = -1,\ r_4 = -0.83\cdots,\ r_5 = -1.3\cdots,\ r_6 = 5$$

이다. 이 등급을 가지고 각 팀의 순위를 매기면 표 2.2와 같이 된다.

한편, 표 2.1에서 팀들의 순위를 단순히 승리한 경기 수를 가지고 순위를 매기면

1. KGC인삼공사, 현대건설 (4승)
2. 도로공사, 흥국생명, IBK기업은행 (2승)
3. GS칼텍스 (1승)

[4]이것에 대한 자세한 사항은 이 장의 끝부분에 따로 정리했다.

이 된다. 한편, 얻은 세트 수와 잃은 세트 수의 차이로 순위를 매기면

1. 현대건설 (5)
2. KGC인삼공사 (3)
3. IBK기업은행 (0)
4. 도로공사 (-1)
5. 흥국생명 (-3)
6. GS칼텍스 (-4)

가 된다. 따라서, 매씨의 방법으로 매긴 순위는 기본적으로 세트 득실로 매긴 순위와 같다는 것을 알 수 있다.

여기서 약간의 의문이 생긴다. 매씨 방법에 의한 순위와 세트득실에 의한 순위가 같다면 간단히 세트득실로 순위를 매기면 되지 매씨 방법 같은 것을 적용할 이유가 없는게 아닌가? 여자배구리그에서 매씨 방법에 의한 순위와 세트득실에 의한 순위가 같은 이유는 모든 팀이 서로 다른 팀과 각각 한번씩 모두 다섯 팀과 경기를 했기 때문이다. 만약 각 팀별로 경기 수가 다르다면 세트득실로 순위를 매길 수 없는 반면, 매씨의 방법을 적용할 수 있다. 이것은 다음 연습문제에서 확인하기 바란다.

연습문제 2.3 *표 2.3는 표 2.1에서 현대건설과 IBK의 경기 결과를 삭제한 것이다. 이 기록을 이용하여 다음 질문에 답하라.*

(i) 이 문제의 표준방정식을 구하라.

(ii) 팀 등급과 순위를 정하라.

Table 2.3: 표 2.1에서 현대건설과 IBK의 경기 결과를 삭제한 기록

	GS	KGC	도로	IBK	흥국	현대
GS		0-3	3-1	3-1	3-2	3-1
KGC	3-0		2-3	1-3	2-3	1-3
도로	1-3	3-2		2-3	3-1	3-2
IBK	1-3	3-1	3-2		0-3	
흥국	2-3	3-2	1-3	3-0		3-1
현대	1-3	3-1	2-3		1-3	

일반화된 행렬 M

매씨방법에 의한 표준방정식 (2.6)에서 등장하는 행렬 M을 일반적인 $n \times n$ 사이즈의 경우로 확장을 하면

$$M = \begin{bmatrix} \text{n-1} & -1 & -1 & \cdots & -1 \\ -1 & \text{n-1} & -1 & \cdots & -1 \\ -1 & -1 & \ddots & -1 & \vdots \\ \vdots & \vdots & -1 & \text{n-1} & -1 \\ -1 & -1 & \cdots & -1 & \text{n-1} \end{bmatrix}. \tag{2.10}$$

여기서, 경기를 하려면 최소 두팀은 있어야 하니 $n \geq 2$이어야 한다.

이 행렬의 특성은 다음과 같이 정리 될수 있다.

특성 1 $M = n\left(I - \frac{1}{n}\mathbf{v}\,\mathbf{v}^T\right)$으로 표현할 수 있고, 여기서 I는 $n \times n$의 단위행렬이고 $\mathbf{v} \equiv [1\,1\,\cdots\,1]^T$인 n차원 열벡터($n \times 1$인 행렬)이다. 또는, $\mathbf{q} \equiv \frac{1}{\sqrt{n}}\mathbf{v}$인 단위 열벡터로 두면

$$M = n\left(I - \mathbf{q}\,\mathbf{q}^T\right) \tag{2.11}$$

로 표현된다.

특성 2 M은 역행렬이 존재하지 않는다.

특성 3 M의 마지막 행과 마지막 열을 제거한 $(n-1) \times (n-1)$행렬을 $\overline{M}$라고

정의하면, 우리는

$$\overline{M} = n\left(\bar{I} - \frac{1}{n}\,\overline{\mathbf{v}}\,\overline{\mathbf{v}}^T\right) \tag{2.12}$$

를 얻는다. 여기서, $\bar{I}$는 $(n-1)\times(n-1)$의 단위행렬이고 $\overline{\mathbf{v}} \equiv [1\,1\,\cdots\,1]^T$인 $n-1$차원 열벡터($(n-1)\times 1$인 행렬)이다. 이 경우 역시 $\overline{\mathbf{q}} \equiv \frac{1}{\sqrt{n-1}}\overline{\mathbf{v}}$인 단위 열벡터로 두면

$$\overline{M} = n\left(\bar{I} - \frac{n-1}{n}\,\overline{\mathbf{q}}\,\overline{\mathbf{q}}^T\right) \tag{2.13}$$

로 표현된다.

특성 4 만약 $\overline{M}$이 역행렬 $\overline{X}$를 갖는다고 가정하면, 다음이 성립한다.

$$\overline{X}\,\overline{\mathbf{q}} = \overline{\mathbf{q}}. \tag{2.14}$$

특성 5 $\overline{M}$의 역행렬이 존재하고 그 역행렬은

$$\overline{M}^{-1} = \frac{1}{n}\left(\bar{I} + (n-1)\,\overline{\mathbf{q}}\,\overline{\mathbf{q}}^T\right) \tag{2.15}$$

로 계산된다.

연습문제 2.4 *위에 제시한 일반화된 M 행렬의* **특성 1**–**특성 5**를 *증명하라.*

마무리

이 장에서 여러 집단의 등급을 정하고 순위를 매기는 한 가지 방법인 매씨의 방법에 대해 알아보았고, 그 과정에서 최소제곱법에 대해서 공부하였다. 매씨의 방법 이외에도 등급과 순위를 매기는 다양한 수학적 알고리즘이 개발되었는데, 이에 대해 더 알고 싶은 독자에게는 아주 흥미로운 책 [4, 5]를 추천한다.

3

용수철계와 미분방정식

이 장에서는 몇 개의 물체가 용수철로 연결되어 있는 용수철계에 대하여 다룬다. 뉴턴의 제 2 법칙과 후크의 법칙, 그리고 힘의 균형 원리로부터 이 용수철계를 기술하는 미분방정식을 유도하고, 이 미분방정식을 푸는 초보적인 방법에 대하여 공부한다. 미분방정식이 워낙 중요하기 때문에 다음 장에서 미분방정식에 대한 논의를 계속한다.

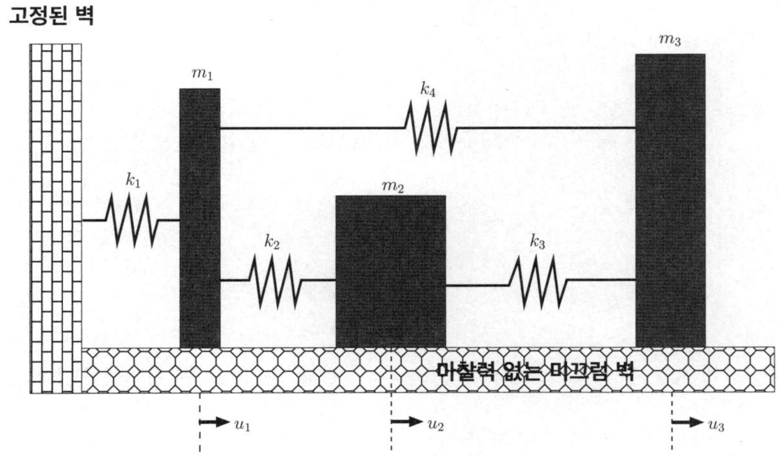

Figure 3.1: 용수철계와 힘의 균형

3.1 용수철계의 수학적 모델링

그림 3.1처럼 여러 개의 물체가 용수철으로 연결되어 있는 용수철계를 고려하자. 그림에서 u_1, u_2, u_3는 물체 m_1, m_2, m_3의 변위를 나타낸다. 이들 변위는 시간의 함수이고 변위 $u_j(t)(j = 1,2,3)$에 의하여 만들어지는 가속도는 변위의 시간에 대한 2계 도함수, 즉 $\frac{d^2u_j}{dt^2}$이므로, 뉴턴의 제 2 법칙[1]에 따르면 물체 m_j에 작용하는 힘은

$$F_j = m_j \frac{d^2u_j}{dt^2}, \quad j = 1, 2, 3$$

이 된다. 또, 후크의 법칙[2]에 따라, 힘의 균형 방정식은 물체 m_1에 대해서는

$$F_1 = -k_1 u_1 + k_2 (u_2 - u_1) + k_4 (u_3 - u_1)$$

이고, 다른 두 개에서도 각각

$$F_2 = -k_2 (u_2 - u_1) + k_3 (u_3 - u_2),$$
$$F_3 = -k_3 (u_3 - u_2) - k_4 (u_3 - u_1)$$

이 된다. 따라서, 우리는 다음과 같은 연립미분방정식(system of differential equations)을 얻게 된다.

$$\begin{aligned} m_1 \frac{d^2u_1}{dt^2} &= -(k_1 + k_2 + k_4) u_1 + k_2 u_2 + k_4 u_3, \\ m_2 \frac{d^2u_2}{dt^2} &= k_2 u_1 - (k_2 + k_3) u_2 + k_3 u_3, \\ m_3 \frac{d^2u_3}{dt^2} &= k_4 u_1 + k_3 u_2 - (k_3 + k_4) u_3. \end{aligned} \tag{3.1}$$

이것이 그림 **??**에서 묘사된 용수철계를 수학적으로 나타내는 연립미분방정식이다.

---

[1] 힘=질량×가속도($F = ma$)

[2] 힘(용수철의 복원력)=-탄성계수×변위 ($F = -ku$)

연립미분방정식 (3.1)을 행렬을 이용하여 나타내면

$$\begin{bmatrix} m_1 & 0 & 0 \\ 0 & m_2 & 0 \\ 0 & 0 & m_3 \end{bmatrix} \frac{d^2}{dt^2} \begin{bmatrix} u_1 \\ u_2 \\ u_3 \end{bmatrix} = \begin{bmatrix} -(k_1+k_2+k_4) & k_2 & k_4 \\ k_2 & -(k_2+k_3) & k_3 \\ k_4 & k_3 & -(k_3+k_4) \end{bmatrix} \begin{bmatrix} u_1 \\ u_2 \\ u_3 \end{bmatrix} \tag{3.2}$$

이 된다. 위 식 등호의 오른쪽에 있는 3×3 행렬을 고체역학에서는 강성행렬 (stiffness matrix)이라 부르는데, 이것은 항상 대칭행렬이 된다. 이 식의 양변에 $\begin{bmatrix} m_1 & 0 & 0 \\ 0 & m_2 & 0 \\ 0 & 0 & m_3 \end{bmatrix}$의 역행렬 즉, $\begin{bmatrix} 1/m_1 & 0 & 0 \\ 0 & 1/m_2 & 0 \\ 0 & 0 & 1/m_3 \end{bmatrix}$을 곱하면, 방정식 (3.2)은

$$\frac{d^2}{dt^2} \begin{bmatrix} u_1 \\ u_2 \\ u_3 \end{bmatrix} = A \begin{bmatrix} u_1 \\ u_2 \\ u_3 \end{bmatrix} \tag{3.3}$$

의 꼴이 되는데, 강조할 사항은 A가 대칭행렬이라는 점이다. 이 장의 나머지 절에서는 이 연립미분방정식 (3.3)을 푸는 방법에 대하여 공부한다.

3.2 고윳값과 대각화 방법

연립미분방정식 (3.3)에서 행렬 A가 대각행렬, 즉

$$A = \begin{bmatrix} \lambda_1 & 0 & 0 \\ 0 & \lambda_2 & 0 \\ 0 & 0 & \lambda_3 \end{bmatrix}$$

로 주어지면, 방정식 (3.2)는

$$\frac{d^2}{dt^2} \begin{bmatrix} u_1 \\ u_2 \\ u_3 \end{bmatrix} = \begin{bmatrix} \lambda_1 & 0 & 0 \\ 0 & \lambda_2 & 0 \\ 0 & 0 & \lambda_3 \end{bmatrix} \begin{bmatrix} u_1 \\ u_2 \\ u_3 \end{bmatrix} \tag{3.4}$$

가 되는데, 이 미분방정식은 쉽게 풀 수 있다.

연립미분방정식 (3.4)을 풀어서 쓰면,

$$\frac{d^2u_j}{dt^2} = \lambda_j u_j, \quad j = 1, 2, 3$$

이 된다. 그러므로, 일반적으로 상수 λ에 대하여 미분방정식

$$\frac{d^2u}{dt^2} = \lambda u \tag{3.5}$$

을 살펴보면 되는데, 이 미분방정식의 해가

$$u(t) = \begin{cases} C_1 e^{\sqrt{\lambda}t} + C_2 e^{-\sqrt{\lambda}t}, & \lambda > 0, \\ C_1 \sin\sqrt{-\lambda}t + C_2 \cos\sqrt{-\lambda}t, & \lambda < 0 \end{cases} \tag{3.6}$$

이 된다는 것은 쉽게 확인할 수 있다. $\lambda = 0$일 때에는 해가

$$u(t) = C_1 + C_2 t$$

가 된다. 여기서 C_1, C_2는 상수인데, 이 상수들은 초깃값이 주어지면 결정할 수 있다. 즉, 해의 초깃값이

$$u(0) = a, \quad u'(0) = b, \quad j = 1, 2, 3$$

으로 주어지면, 이 조건을 만족하도록 상수 C_1과 C_2를 구할 수 있다.

예제 3.1 *간단한 예를 다루어 보자. 초깃값이*

$$\begin{bmatrix} u_1(0) \\ u_2(0) \end{bmatrix} = \begin{bmatrix} 0 \\ 1 \end{bmatrix}, \quad \begin{bmatrix} u_1'(0) \\ u_2'(0) \end{bmatrix} = \begin{bmatrix} 1 \\ 0 \end{bmatrix}$$

으로 주어진 미분방정식

$$\frac{d^2}{dt^2}\begin{bmatrix} u_1 \\ u_2 \end{bmatrix} = \begin{bmatrix} 1 & 0 \\ 0 & -1 \end{bmatrix}\begin{bmatrix} u_1 \\ u_2 \end{bmatrix}$$

의 해를 구해 보자. 식 (3.6)에 의해 일반적인 해는

$$u_1(t) = C_1e^t + C_2e^{-t},$$
$$u_2(t) = C_3\sin t + C_4\cos t$$

이다. 이제 초기 조건을 이용하여 상수들을 구하면 $C_1 = 1/2$, $C_2 = -1/2$, $C_3 = 0$, $C_4 = 1$*이므로, 구하는 해는*

$$u_1(t) = \frac{1}{2}(e^t - e^{-t}), \quad u_2(t) = \cos t$$

이다.

행렬 A가 대각행렬이 아닌 경우에는 위에서 설명한 방법을 바로 적용할 수 없는데, 그 까닭은 (3.1)처럼 u_1, u_2, u_3 가 서로 섞여서 나타나기 때문이다. 하지만 A가 대칭행렬이므로, 이를 대각화하여 위 방법을 적용할 수 있다. 이제부터 대칭행렬의 대각화[3]에 대해서 살펴본다.

고윳값과 고유벡터. A가 $n \times n$ 행렬일 때,

$$A\mathbf{v} = \lambda\mathbf{v}$$

를 만족하는 복소수 λ와 영이 아닌 벡터 $\mathbf{v}$가 존재하면, λ를 A의 고윳값(eigenvalue), $\mathbf{v}$를 고유벡터(eigenvector)라 한다.

대칭행렬 A에 대하여 다음과 같은 매우 중요한 사실이 성립하는데, 이 사실들의 증명은 보통의 선형대수학 책에서 찾아 볼 수 있다.

- $n \times n$ 대칭행렬 A의 고윳값은 모두 실수이다.

[3]대칭행렬의 대각화는 선형대수학에서 가장 중요한 내용 중의 하나이다.

- A의 고윳값을 $\lambda_1, \lambda_2, \ldots, \lambda_n$(모두 다르지 않을 수 있다)이라 하면, 이에 대응되는 고유벡터 $\mathbf{v}_1, \mathbf{v}_2, \ldots, \mathbf{v}_n$가 존재해서

$$\mathbf{v}_i \cdot \mathbf{v}_j = \delta_{ij}, \quad i, j = 1, 2, \ldots, n \tag{3.7}$$

  을 만족한다.

여기서 $\mathbf{v}_i \cdot \mathbf{v}_j$는 $\mathbf{v}_i$와 $\mathbf{v}_j$의 내적을 나타내고, δ_{ij}는, $i = j$이면 $\delta_{ij} = 1$, $i \neq j$이면 $\delta_{ij} = 0$인 수를 나타내는데, 크로네커(Kronecker)의 델타라 불린다.

대칭행렬의 대각화. A가 $n \times n$ 대칭행렬일 때, $\lambda_1, \lambda_2, \ldots, \lambda_n$을 A의 고윳값, $\mathbf{v}_1, \mathbf{v}_2, \ldots, \mathbf{v}_n$를 그에 대응되면서 (3.7)를 만족하는 고유벡터라 하자. 행렬 Λ과 P를 다음과 같이 각각 정의한다.

$$\Lambda := \begin{bmatrix} \lambda_1 & 0 & \cdots & 0 \\ 0 & \lambda_2 & \cdots & 0 \\ \vdots & \vdots & \ddots & \vdots \\ 0 & 0 & \cdots & \lambda_n \end{bmatrix}, \quad P := \begin{bmatrix} \mathbf{v}_1^T \\ \mathbf{v}_2^T \\ \vdots \\ \mathbf{v}_n^T \end{bmatrix} \quad (T\text{는 전치}). \tag{3.8}$$

즉, 행렬 P의 정의에서 각각의 벡터 $\mathbf{v}_j^T$는 P의 j번째 행이 된다.

위에서 정의한 행렬 P는 아주 특별한 성질을 갖는다. 행렬 P의 전치행렬 P^T는

$$P^T = \begin{bmatrix} \mathbf{v}_1 & \mathbf{v}_2 & \cdots & \mathbf{v}_n \end{bmatrix}$$

가 되므로,

$$PP^T = \begin{bmatrix} \mathbf{v}_1^T \\ \mathbf{v}_2^T \\ \vdots \\ \mathbf{v}_n^T \end{bmatrix} \begin{bmatrix} \mathbf{v}_1 & \mathbf{v}_2 & \cdots & \mathbf{v}_n \end{bmatrix} = \begin{bmatrix} \mathbf{v}_1 \cdot \mathbf{v}_1 & \mathbf{v}_1 \cdot \mathbf{v}_2 & \cdots & \mathbf{v}_1 \cdot \mathbf{v}_n \\ \mathbf{v}_2 \cdot \mathbf{v}_1 & \mathbf{v}_2 \cdot \mathbf{v}_2 & \cdots & \mathbf{v}_2 \cdot \mathbf{v}_n \\ \vdots & \vdots & \ddots & \vdots \\ \mathbf{v}_n \cdot \mathbf{v}_1 & \mathbf{v}_n \cdot \mathbf{v}_2 & \cdots & \mathbf{v}_n \cdot \mathbf{v}_n \end{bmatrix}$$

이 된다. 이제 (3.7)에 의해, $PP^T = I$이 되는데, 여기서 I는 $n \times n$ 단위행렬을

가르킨다. 다시 말하면,

$$P^T = P^{-1} \tag{3.9}$$

가 성립하는데, 이러한 성질을 만족하는 행렬을 **직교행렬**(orthogonal matrix)라고 한다.

이제 AP^T가 어떤 모양인지 살펴보자. 쉽게

$$AP^T = \begin{bmatrix} A\mathbf{v}_1 & A\mathbf{v}_2 & \cdots & A\mathbf{v}_n \end{bmatrix} = \begin{bmatrix} \lambda_1\mathbf{v}_1 & \lambda_2\mathbf{v}_2 & \cdots & \lambda_n\mathbf{v}_n \end{bmatrix}$$

이 된다는 것을 확인할 수 있다. 여기서 $A\mathbf{v}_j$와 $\lambda_j\mathbf{v}_j$는 AP^T의 열(행이 아니라)이다. 반면에,

$$P^T\Lambda = \begin{bmatrix} \lambda_1\mathbf{v}_1 & \lambda_2\mathbf{v}_2 & \cdots & \lambda_n\mathbf{v}_n \end{bmatrix}$$

이 되므로, 우리는

$$AP^T = P^T\Lambda$$

을 얻게 된다. 이제 등호의 양쪽의 오른쪽에 P를 곱하면, (3.9)에 의해

$$A = P^T\Lambda P$$

가 성립한다. 정리하면 다음 정리를 얻는다.

정리 3.1 *A가 대칭행렬이면, 대각행렬 Λ과 직교행렬 P가 존재하여,*

$$A = P^T\Lambda P \tag{3.10}$$

가 성립한다.

등식 (3.10)을 A의 **대각화**(diagonalization)이라 한다. 대각화에 쓰이는 대각행렬 Λ과 직교행렬 P를 구하는 방법은 앞에서 설명한 대로 A의 고윳값과 고유벡터를 구하고, 식 (3.8)을 이용하는 것이다.

행렬의 고윳값을 구하는 방법을 잠시 살펴볼 필요가 있겠다. λ가 행렬 A의

고윳값이면 영이 아닌 벡터 $\mathbf{v}$가 존재해서

$$(\lambda I - A)\mathbf{v} = 0$$

을 만족한다. 그러므로 $\lambda I - A$가 가역행렬이 아니고, 따라서

$$\det(\lambda I - A) = 0 \tag{3.11}$$

이 성립한다[4]. 이 방정식을 행렬 A의 특성방정식(characteristic equation) 이라 부르는데, 고윳값을 구하려면 이 방정식을 풀면 된다. 일단 고윳값 λ를 구하고 나면 방정식

$$A\mathbf{v} = \lambda\mathbf{v} \tag{3.12}$$

를 풀어 $\mathbf{v}$를 구하면 된다.

예제 3.2 *행렬* $A = \begin{bmatrix} 0 & 1 \\ 1 & 0 \end{bmatrix}$*를 대각화 해보자. 이 행렬의 특성방정식은*

$$(\lambda I - A)\mathbf{v} = \lambda^2 - 1 = 0$$

이므로, A*의 고윳값은* 1*과* -1*이고, 이에 대응되는 고유벡터는 각각* $\begin{bmatrix} 1 \\ 1 \end{bmatrix}$*와* $\begin{bmatrix} 1 \\ -1 \end{bmatrix}$ *이다. 이 벡터의 크기가* 1*이 되도록 조정하면,*

$$\Lambda = \begin{bmatrix} 1 & 0 \\ 0 & -1 \end{bmatrix}, \quad P = \begin{bmatrix} \frac{1}{\sqrt{2}} & \frac{1}{\sqrt{2}} \\ \frac{1}{\sqrt{2}} & -\frac{1}{\sqrt{2}} \end{bmatrix}$$

에 대하여,

$$A = P^T \Lambda P$$

[4]여기서 행렬 B가 가역일 필요충분조건이 $\det B \neq 0$이라는 사실을 이용하고 있는데, 이 사실은 보통의 선형대수학 책에서 찾아 볼 수 있다.

가 성립한다.

연습문제 3.1 *행렬* $A = \begin{bmatrix} 0 & 0 & 1 \\ 0 & 1 & 0 \\ 1 & 0 & 0 \end{bmatrix}$*를 대각화하라.*

이제 대칭행렬의 대각화를 이용하여 미분방정식 (3.2)를 어떻게 풀 수 있는지 살펴보자. $\mathbf{u} := \begin{bmatrix} u_1 \\ u_2 \\ u_3 \end{bmatrix}$라 두면, 미분방정식 (3.2)를

$$\frac{d^2\mathbf{u}}{dt^2} = A\mathbf{u} \tag{3.13}$$

로 쓸 수 있다. 강성행렬 S는 대칭이므로, $S = P^T \Lambda P$로 표현되는 대각행렬 Λ와 직교행렬 P가 존재한다. 따라서 미분방정식을

$$\frac{d^2\mathbf{u}}{dt^2} = P^T \Lambda P\mathbf{u}$$

로 나타낼 수 있다. 행렬 P가 직교행렬, 즉 $P^T = P^{-1}$을 만족하므로, 이 식의 양변의 왼쪽에 P를 곱하면

$$\frac{d^2 P\mathbf{u}}{dt^2} = \Lambda P\mathbf{u}$$

가 된다. 이제 $\mathbf{w} := P\mathbf{u}$라 두면, 방정식은

$$\frac{d^2\mathbf{w}}{dt^2} = \Lambda\mathbf{w}$$

가 되는데, Λ이 대각행렬이므로 앞에서 설명한 방법으로 이 방정식의 해 $\mathbf{w}$를 구할 수 있다. 일단 $\mathbf{w}$를 구하면, $\mathbf{u} = P^T\mathbf{w}$를 이용하여 $\mathbf{u}$를 구할 수 있다.

예제 3.3 *예제 3.2에서 주어진 행렬 A에 대하여 미분방정식 $\frac{d^2\mathbf{u}}{dt^2} = A\mathbf{u}$의 해를*

구해보자. $\mathbf{w} := P\mathbf{u}$라 두면, $\mathbf{w}$는

$$\frac{d^2\mathbf{w}}{dt^2} = \begin{bmatrix} 1 & 0 \\ 0 & -1 \end{bmatrix} \mathbf{w}$$

만족하므로,

$$\mathbf{w}(t) = \begin{bmatrix} C_1e^t + C_2e^{-t} \\ C_3\sin t + C_4\cos t \end{bmatrix}$$

가 된다. 식 $\mathbf{u} = P^T\mathbf{w}$를 이용하여 $\mathbf{u}$를 구하면,

$$\mathbf{u}(t) = (C_1e^t + C_2e^{-t}) \begin{bmatrix} \frac{1}{\sqrt{2}} \\ \frac{1}{\sqrt{2}} \end{bmatrix} + (C_3\sin t + C_4\cos t) \begin{bmatrix} \frac{1}{\sqrt{2}} \\ -\frac{1}{\sqrt{2}} \end{bmatrix}$$

가 된다. 초기조건이 $\mathbf{u}(0) = \begin{bmatrix} 1 \\ 0 \end{bmatrix}$, $\mathbf{u}'(0) = \begin{bmatrix} 0 \\ 0 \end{bmatrix}$으로 주어진다면, $C_1 = C_2 = \frac{1}{2\sqrt{2}}$, $C_3 = 0$, $C_4 = \frac{1}{\sqrt{2}}$가 되어, 해는

$$\mathbf{u}(t) = \frac{1}{4}(e^t + e^{-t}) \begin{bmatrix} 1 \\ 1 \end{bmatrix} + \frac{1}{2}\cos t \begin{bmatrix} 1 \\ -1 \end{bmatrix}$$

가 된다.

연습문제 3.2 연습문제 3.1에서 다룬 행렬 A에 대하여 미분방정식 $\frac{d^2\mathbf{u}}{dt^2} = A\mathbf{u}$의 해를 구하라. 단, 초기조건은 $\mathbf{u}(0) = \begin{bmatrix} 1 \\ 0 \\ 0 \end{bmatrix}$, $\mathbf{u}'(0) = \begin{bmatrix} 0 \\ 0 \\ 0 \end{bmatrix}$이다.

연습문제 3.3 그림 3.2과 같이 질량이 1인 두 개의 물체가 탄성계수가 같은 세 개의 용수철로 고정된 벽에 연결되어 있는 용수철계를 고려하자.

(i) 물체의 변위를 u_1과 u_2로 나타낼 때, u_1과 u_2가 만족하는 미분방정식을 구하고, 이 미분방정식의 해를 구하라.

(ii) 초기조건이 $\mathbf{u}(0) = \begin{bmatrix} 1 \\ 0 \end{bmatrix}$, $\mathbf{u}'(0) = \begin{bmatrix} 0 \\ 0 \end{bmatrix}$ *일 때 해를 구하라.*

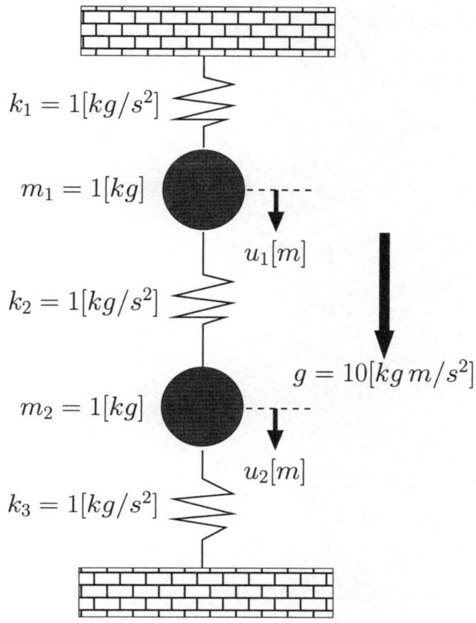

Figure 3.2: 아래로 중력이 작용하는 두개의 직렬 용수철계

마무리

이 장에서는 스프링계를 수학적으로 나타내는 연립 상미분방정식을 유도하고, 이 방정식을 해결하는 한 가지 방법으로 대칭행렬의 대각화에 대하여 공부하였다. 미분방정식은 자연현상, 사회현상, 기술 등을 수학적으로 나타낼 때 많이 등장하는 중요한 것이므로, 다음 장에서도 미분방정식에 대한 논의를 조금 더 진행해 나가기로 하자.

4

미분방정식

많은 자연현상이 미분방정식으로 기술되기 때문에 미분방정식을 이해하고 해결하는 방법에 대한 탐구가 수학의 중요한 분야로 자리잡고 있다. 파동현상을 기술하는 파동방정식(wave equation), 열의 확산을 기술하는 열방정식(heat equation), 유체의 운동을 기술하는 나비어-스톡 방정식(Navier-Stokes equation), 전자기 현상을 기술하는 맥스웰 방정식(Maxwell equation) 등 수 많은 미분방정식에 대한 수학적 연구가 활발히 진행되고 있다. 대부분의 미분방정식의 해를 수식으로 나타내는 것이 불가능하기 때문에 인류는 미분방정식의 해를 컴퓨터를 이용해서 수치적으로 구하는 방법도 발전시켜 왔다. 특히 현대에 들어와 과학적 계산 방법의 발전으로 미분방정식의 수치적 해결은 수학은 물론이고 자연과학, 공학, 기술 등의 거의 모든 분야에서 중요한 위치를 차지하고 있다.

제 3 장에서 스프링계를 기술하는 미분방정식과 그것을 푸는 간단한 방법에 대하여 살펴보았다. 이 장에서는 미분방정식에 대한 이해를 높이기 위해서 초보적인 논의를 계속한다. 또 미분방정식을 수치적으로 해결하는 방법의 기초에 대해서도 살펴본다.

4.1 1계 미분방정식의 의미

미분방정식은 함수의 1계 혹은 고계 도함수가 포함되어 있는 방정식을 통칭하는데, 포함되어 있는 도함수의 최고 계수를 그 미분방정식의 계수(order)라

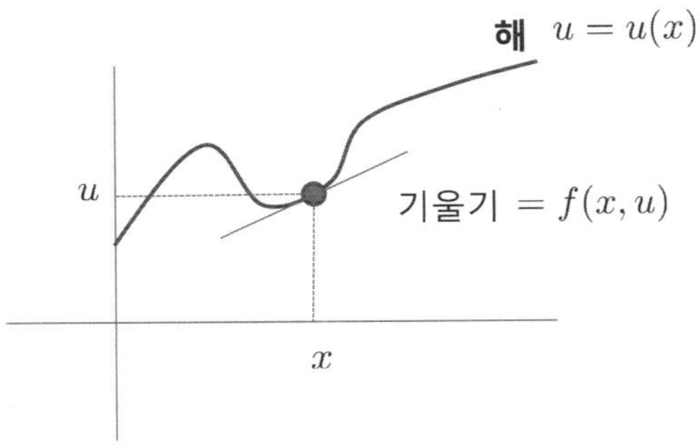

Figure 4.1: 미분방정식의 해

한다. 1계 미분방정식은 따라서 1계 도함수만 포함된 방정식을 말하는데, 일반적으로

$$\frac{du}{dx} = f(x,u) \tag{4.1}$$

로 나타낼 수 있다. 여기서 f는 주어진 함수이고, 미분방정식을 푼다는 것은 이 방정식을 만족하는 해 $u = u(x)$를 구하는 것이다. 잠시 방정식의 해의 의미를 살펴보도록 하자. 함수 $u(x)$의 도함수 $\frac{du}{dx}$가 접선의 기울기를 나타내므로, 방정식의 해 $u(x)$를 구한다는 것은 그림 4.1와 같이 접선의 기울기가 주어진 함수 $f(x,u)$와 같아지는 곡선을 찾는 것과 같다.

이러한 미분방정식이 어떻게 만들어지는지를 한 가지 예를 가지고 살펴보자. 우리나라 서해의 해류도를 그리는 일을 생각해 보자. 그림 4.2의 오른쪽 그림이 얻고자하는 해류도이다. 이 해류도를 그리려면 우선 유속계 같은 것을 이용하여 서해의 각 지점에서 해류의 속도를 측정하여 그림의 왼쪽과 같은 것을 얻는데, 그림에 있는 벡터들이 해류의 속도를 표시한다. 미적분학에서 이런 그림, 즉 평면의 각 점에 벡터가 대응되어 있는 함수를 벡터장(vector field) 라 부른다는 것을 배웠을 것이다. 그러면 각 점에서 이 속도를 접선벡터로 갖는 곡선[1]을 찾아내면 그것이 바다물이 움직이는 경로, 즉 해류가 되어 오른쪽 그림을 얻는다.

측정된 속도 벡터장이 $(v_1(x,y), v_2(x,y))$라 하자. 이 벡터장의 적분곡선을 매개변수 t를 이용한 매개식 $(x(t), y(t))$로 나타내면, 이 곡선의 속도벡터는

[1]이 곡선을 벡터장의 적분곡선(integral curve)라 부른다

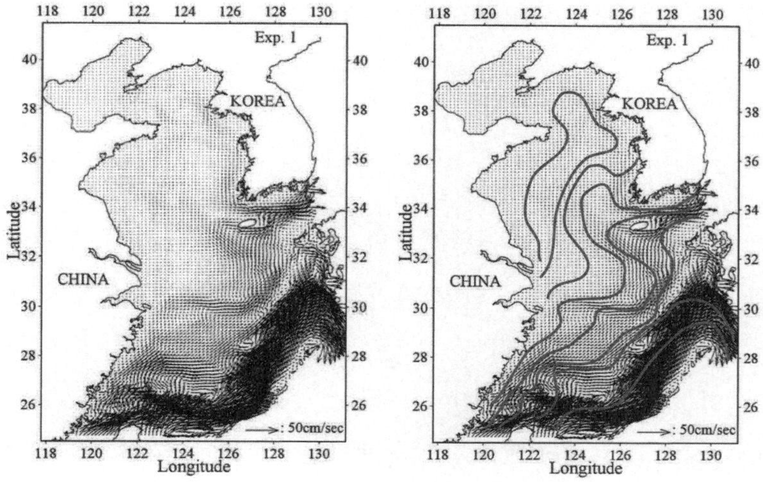

Figure 4.2: 서해 해류도. 왼쪽: 벡터장, 오른쪽: 적분곡선

$(x'(t), y'(t))$가 되므로, 다음과 같은 관계를 만족해야 한다.

$$x'(t) = v_1(x(t), y(t)), \quad y'(t) = v_2(x(t), y(t)).$$

매개식으로 표현된 곡선이 양함수 $y = u(x)$로 표현된다면,

$$\frac{du}{dx} = \frac{y'(t)}{x'(t)}$$

이므로

$$\frac{du}{dx} = \frac{v_2(x, u)}{v_1(x, u)}$$

가 된다. 즉, (4.1) 형태의 미분방정식을 얻게 된다. 따라서 그림 4.2와 같은 해류도를 얻으려면 미분방정식을 풀면 된다.

한 가지 매우 중요한 사실을 언급하자. 그림 4.2에서 보면 적분곡선이 무수히 많다. 하지만 그림에 나타나 있듯이 특정한 점 (x_0, u_0)을 지나는 적분곡선은 단 하나이다. 방정식의 해 $y = u(x)$가 (x_0, u_0)을 지난다는 것은 $u(x_0) = u_0$을

만족한다는 뜻이다. 방정식과 이 조건을 같이 쓰면

$$\begin{cases} \dfrac{du}{dx} = f(x, u), \\ u(x_0) = u_0 \end{cases} \tag{4.2}$$

이 되는데, 이러한 문제를 미분방정식의 초깃값문제라 부른다. 그림 4.2처럼 (x_0, u_0)을 지나는 적분곡선이 단 하나라는 것은 이 초깃값 문제의 해가 유일하다는 것을 의미한다. 서해의 한 지점 (x_0, u_0)에 병을 하나 띄우면 그 병은 초기값문제의 해를 따라 떠내려갈 것이다.

미분방정식의 초깃값문제의 해가 존재하고 유일하다는 것은 항상 성립하는 것은 아니지만, 함수 $f(x, u)$에 약간의 조건을 가하면 성립한다. 이것의 증명은 대부분의 기초적인 상미분방정식 책에서 찾아볼 수 있다.([2] 참조)

4.2 1계 미분방정식의 해법

이 절에서는 초깃값문제 (4.2)의 해를 구하는 방법에 대하여 알아본다. 미분방정식을

$$du = f(x, u)\, dx$$

와 같이 쓰면, 양쪽을 적분해서

$$u(x) = \int f(x, u)\, dx$$

로 해를 구하면 된다고 생각할지 모르겠다. 이러한 생각은 $f(x, u)$가 u에 의존하지 않는다면, 즉 $f(x, u) = f(x)$라면 통한다. 예를 들어 $f(x, u) = x^2$이라면, 방정식의 해는 $u(x) = \frac{1}{3}x^3 + C$ (C는 상수)가 된다. 하지만 일반적으로 $f(x, u)$가 u에 의존하는 경우에는 특수한 몇 가지 경우를 제외하고 $\int f(x, u)\, dx$ 의 의미가 불분명할 뿐 아니라, 그 의미가 분명한 경우에도 적분을 해석적으로 구할 수 없다[2]. 이 장에서는 $f(x, u)$가 특수한 형태, 즉, 변수분리형일 때와 u에 대해 선형일 때, (4.2)의 해를 구하는 방법에 대하여 공부한다.

---

[2] 뭔가를 해석적으로 구한다는 것은 수식으로 나타낸다는 의미이다.

4.2.1 변수분리방법

변수 x의 함수 $X(x)$와 u의 함수 $U(u)$가 존재하여 $f(x,u)$가

$$f(x,u) = X(x)U(u)$$

로 표현되는 경우를 고려한다. 이 경우 미분방정식은

$$\frac{du}{dx} = X(x)U(u)$$

가 되는데, u 변수는 u 변수끼리, x 변수는 x 변수끼리 모으면,

$$\frac{1}{U(u)}du = X(x)dx$$

가 된다. 이제 양쪽을 적분하면,

$$\int \frac{1}{U(u)}du = \int X(x)dx \tag{4.3}$$

이고, 이 식을 풀면 방정식의 해를 구할 수 있다. 이러한 방법을 변수분리(separation of variables)방법이라 한다.

예제 4.1 *초깃값문제*

$$\begin{cases} \dfrac{du}{dx} = u(1-u), \\ u(0) = \dfrac{1}{2} \end{cases}$$

의 해를 구해보자. 주어진 미분방정식을 변수분리하여 적어 보면,

$$\frac{1}{u(1-u)}\,du = 1\,dx$$

가 되고, 이를 적분하면,

$$\int \frac{1}{u(1-u)}\,du = \int 1\,dx$$

가 된다. 적분을 계산하여

$$\log \frac{u}{1-u} = x + C$$

를 얻는다. 여기서 C*는 적분상수이다. 이를 정리하면*

$$u(x) = \frac{e^C\, e^x}{1 + e^C\, e^x}$$

가 되는데, $e^C = A$*라 두면, 미분방정식의 해는*

$$u(x) = \frac{1}{1 + A\, e^{-x}}$$

가 된다는 것을 알 수 있다. 여기서 A*는 상수이다. 이제 초기조건을 이용하면*

$$\frac{1}{2} = u(0) = \frac{1}{1 + A}$$

가 되어, $A = 1$*이고 초깃값문제의 해는*

$$u(x) = \frac{1}{1 + e^{-x}}$$

이다.

연습문제 4.1 *초깃값 문제*

$$\frac{du}{dx} = u^2, \quad u(0) = 1$$

의 해를 구하라.

4.2.2 선형 1계 미분방정식

함수 $f(x, u)$가 u에 대해 선형이라는 뜻은 모든 u, v에 대하여 $f(x, u + v) = f(x, u) + f(x, v)$가 성립한다는 것이다. 이러한 조건을 만족하려면 함수 $p(x), q(x)$

가 존재하여 $f(x, u)$가

$$f(x, u) = -\,p(x)\,u + q(x)$$

의 형태가 되어야 한다. 이때, 미분방정식은

$$u'(x) = -\,p(x)\,u(x) + q(x),$$

즉

$$u'(x) + p(x)\,u(x) = q(x) \tag{4.4}$$

가 된다. 이제 이러한 미분방정식을 어떻게 풀 수 있는지 살펴보자.

함수 $M(x)$가 식

$$\frac{M'(x)}{M(x)} = p(x) \tag{4.5}$$

를 만족한다고 하자. 위 식을 만족하는 함수 $M(x)$를 이 미분방정식의 적분인자 (integrating factor)라 부르는데, 이것은 쉽게 구할 수 있다.

$$(\log M(x))' = \frac{M'(x)}{M(x)} = p(x)$$

이므로,

$$\log M(x) = \int p(x)\,dx,$$

즉,

$$M(x) = e^{\int p(x)\,dx} \tag{4.6}$$

이다.

적분인자 $M(x)$를 방정식 (4.4)의 양변에 곱하면,

$$(M(x)\,u)' = M(x)u' + M'(x)u(x) = q(x)M(x)$$

가 되는데, 이 방정식은 쉽게 풀 수 있다. 즉, 양변을 적분하면

$$M(x)\,u(x) = \int q(x)\,M(x)\,dx + C$$

를 얻고(여기서 C는 적분상수이다), 다시

$$u(x) = \frac{1}{M(x)}\int q(x)\,M(x)\,dx + \frac{C}{M(x)} \tag{4.7}$$

를 얻을 수 있다.

식 (4.6)을 위 식에 대입하면, 선형 1계 미분방정식의 해는

$$u(x) = C\,e^{-\int p(x)\,dx} + e^{-\int p(x)\,dx}\int q(x)\,e^{\int p(x)\,dx}\,dx \tag{4.8}$$

가 된다는 것을 알 수 있다.

예제 4.2 *초기조건이 $u(0) = 0$일 때, 방정식 $u' = e^{2x-1} + y$의 해를 구해보자. 이 문제의 적분인자는*

$$M(x) = e^{-x}$$

이므로, 방정식의 양변에 이것을 곱하여 방정식

$$(e^{-x}u)' = e^{x-1}$$

을 얻는다. 이 방정식을 풀면,

$$e^{-x}u = e^{x-1} + C$$

이므로, 구하는 해는

$$u(x) = e^{2x-1} + Ce^{x}$$

이다. 초기조건에 의하여 $C = -\frac{1}{e}$ 이므로, 해는

$$u(x) = e^{2x-1} - e^{x-1}$$

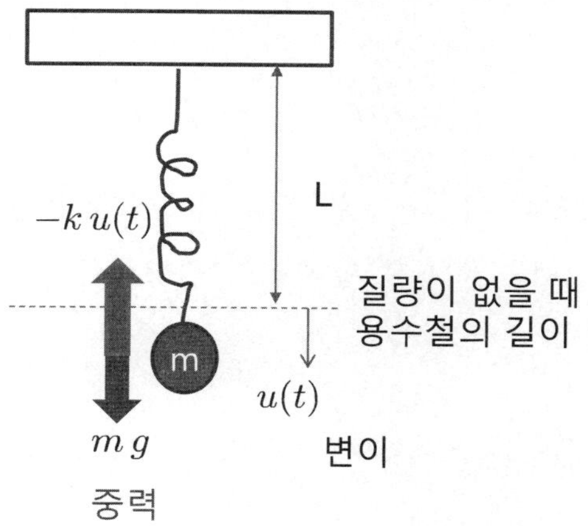

Figure 4.3: 중력이 작용하는 용수철계

이다.

연습문제 4.2 *초기조건이* $u(0) = 0$*일 때, 방정식* $u' + x\,u = x$*의 해를 구하라.*

4.3 상수계수를 갖는 2계 선형 미분방정식

그림 4.3와 같이 용수철이 하나만 있는 용수철계를 생각하자. 시점 t에서 용수철의 변위를 $u(t)$라 하면, 힘의 균형 방정식은

$$m\,u''(t) = -k\,u(t) + m\,g$$

가 된다. 이 식의 오른쪽은 용수철의 복원력(후크의 법칙)과 중력의 차이를 나타내는데, 이 힘이 용수철 운동의 가속도를 결정한다는 것이 이 식이 담고 있는 정보이다. 이 식은, $\omega = \sqrt{\frac{k}{m}}$라 두면,

$$u''(t) + \omega^2 u(t) = g \tag{4.9}$$

로 쓸 수 있는데, 이 방정식은 연립 1계 미분방정식으로 변환하여 앞에서 공부한 방법을 이용하여 풀 수 있다.

보다 일반적으로, 주어진 함수 $f(x)$에 대해 상수계수를 갖는 2계 선형미분방정식

$$u'' + \alpha u' + \beta u = f(x) \tag{4.10}$$

를 풀어보자. 이 방정식이 상수계수를 갖는다는 것은 방정식의 계수 α와 β가 상수라는 의미이고, 2계라는 것은 앞에서도 설명했듯이 이 방정식에 포함된 미분의 최고계수가 2라는 뜻이며, 선형이라는 것은

$$(u+v)'' + \alpha (u+v)' + \beta (u+v) = (u'' + \alpha u' + \beta u) + (v'' + \alpha v' + \beta v)$$

가 성립하여 u, v가 f가 0일 때 (4.10)의 해이면 $u+v$도 역시 해라는 의미이다[3].

제 4.2.2 절에서 다룬 1계 선형 미분방정식도 그러하지만, 상수계수를 갖는 2계 선형방정식의 해법도 표준적이어서 대학교 2학년 정도에서 배우는 미분방정식 교재에서는 일반적 이것들에 대해서 다루고 있다. 특성방정식을 이용하는 방법 등 그 해법이 다양하지만 여기서는 1계 선형방정식과 관련하여 계수줄임방법(method of order reduction)에 대하여 다룬다.

계수줄임방법이란 말 그대로 미분방정식의 계수를 낮추는 방법이다. 즉, 2계 방정식을 1계 방정식으로 바꾸는 방법이다. 어떻게 방정식의 계수를 줄일 수 있을까? 우선 $u' = v$ 라 두면, 방정식 (4.10)은

$$v' = -\beta u - \alpha v + f(x)$$

로 바뀐다. 다시 말해서, 미분방정식 (4.10)은 1계 연립미분방정식

$$\begin{cases} u' = v \\ v' = -\beta u - \alpha v + f(x) \end{cases} \tag{4.11}$$

와 동치이다. 동치라는 것는 (4.10)의 해를 알면 (4.11)의 해를 알 수 있고, 그

[3]이 사실은 간단하지만 매우 중요해서 중첩원리(principle of superposition)라 불린다.

역도 성립한다는 의미이다. 방정식 (4.11)을 행렬을 이용하여 표현하면

$$\frac{d}{dx}\begin{bmatrix} u \\ v \end{bmatrix} = \begin{bmatrix} 0 & 1 \\ -\beta & -\alpha \end{bmatrix}\begin{bmatrix} u \\ v \end{bmatrix} + \begin{bmatrix} 0 \\ f \end{bmatrix} \tag{4.12}$$

가 되는데, 이제부터는 이 연립미분방정식을 푸는 방법에 대해서 알아보자.

연립미분방정식 (4.12)를 푸는 방법은 제 3.2 절에서 다룬 것과 비슷한 대각화이다. 적당한 변환을 이용하여 방정식 (4.12)를

$$\frac{d}{dx}\begin{bmatrix} \xi \\ \eta \end{bmatrix} = \begin{bmatrix} \lambda_1 & 0 \\ 0 & \lambda_2 \end{bmatrix}\begin{bmatrix} \xi \\ \eta \end{bmatrix} + \begin{bmatrix} g_1 \\ g_2 \end{bmatrix} \tag{4.13}$$

로 바꿀 수 있다고 가정해 보자. 방정식 (4.13)을 풀어서 쓰면,

$$\xi'(x) = \lambda_1\,\xi(x) + g_1(x),$$
$$\eta'(x) = \lambda_2\,\eta(x) + g_2(x)$$

가 되는데, 제 4.2.2 절에서 배운 방법을 이용하면 해가

$$\begin{aligned} \xi(x) &= C_1\,e^{\lambda_1 x} + e^{\lambda_1 x}\textstyle\int e^{-\lambda_1 x}\,g_1(x)dx \\ \eta(x) &= C_2\,e^{\lambda_2 x} + e^{\lambda_2 x}\textstyle\int e^{-\lambda_2 x}\,g_2(x)dx \end{aligned} \tag{4.14}$$

가 된다는 것을 알 수 있다. 이 해에 앞에서 사용한 역변환을 적용하여 원래의 방정식의 해 u, v를 구할 수 있다.

이제부터 연립미분방정식 (4.12)를 대각화된 방정식 (4.13)로 변환하는 방법에 대해서 살펴보자. 대각화하는 방법의 골격은 제 3.2 절에서 공부한 방법과 동일하다. 즉, 방정식 (4.12)에 나타난 행렬 $A = \begin{bmatrix} 0 & 1 \\ -\beta & -\alpha \end{bmatrix}$의 고윳값으로 대각행렬을 만들고, 고유벡터를 가지고 변환을 만들면 된다. 한 가지 큰 차이는 여기서는 행렬이 대칭행렬이 아니며, 이 때문에 고유벡터로 만들어지는 변환이 일반적으로 직교행렬이 아니라는 점이다.

편의상

$$A = \begin{bmatrix} 0 & 1 \\ -\beta & -\alpha \end{bmatrix}$$

라 두자. 행렬 A의 특성방정식은

$$\det(\lambda I - A) = 0,$$

즉,

$$\lambda^2 + \alpha\,\lambda + \beta = 0$$

이 된다. 이 방정식은 (I) 서로 다른 두 개의 실근을 갖거나, (II) 중근을 갖거나, (III) 켤레복소수를 근으로 가지게 되는데, 이 세 가지 경우 해의 형태가 달라지기 때문에 각 경우를 따로 다루어야 한다. 특히 특성방정식의 근이 실수인 경우와 복소수인 경우는 서로 다른 물리적 현상을 나타내고 있는데, 이것에 대해서는 해를 구한 후에 논의하기로 하자.

(I) 서로 다른 두 개의 실근. 특성방정식의 두 개의 근을 λ_1과 λ_2 라 둘 때, 두 개 모두 실수이고, $\lambda_1 \neq \lambda_2$인 경우를 다룬다. 이 경우 근과 계수와의 관계, 즉 $\lambda_1 + \lambda_2 = -\alpha$와 $\lambda_1\,\lambda_2 = \beta$로 부터, A의 고유벡터가 $\mathbf{v}_1 = \begin{bmatrix} 1 \\ \lambda_1 \end{bmatrix}$와 $\mathbf{v}_2 = \begin{bmatrix} 1 \\ \lambda_2 \end{bmatrix}$가 된다는 것을 쉽게 확인할 수 있다. 다시 말하면,

$$A\mathbf{v}_j = \lambda_j \mathbf{v}_j, \quad j = 1, 2$$

가 성립한다. 이제 행렬 Q와 D를

$$Q := \begin{bmatrix} \mathbf{v}_1 & \mathbf{v}_2 \end{bmatrix} = \begin{bmatrix} 1 & 1 \\ \lambda_1 & \lambda_2 \end{bmatrix}, \quad D := \begin{bmatrix} \lambda_1 & 0 \\ 0 & \lambda_2 \end{bmatrix}$$

라 두면,

$$AQ = \begin{bmatrix} \lambda_1\mathbf{v}_1 & \lambda_2\mathbf{v}_2 \end{bmatrix} = QD$$

가 성립한다. 이제 변환 Q를 이용하여 ξ와 η를

$$\begin{bmatrix} u \\ v \end{bmatrix} = Q \begin{bmatrix} \xi \\ \eta \end{bmatrix} \tag{4.15}$$

로 정의하면, 방정식 (4.12)는

$$\frac{d}{dx}\left(Q \begin{bmatrix} \xi \\ \eta \end{bmatrix} \right) = AQ \begin{bmatrix} \xi \\ \eta \end{bmatrix} + \begin{bmatrix} 0 \\ f \end{bmatrix} = QD \begin{bmatrix} \xi \\ \eta \end{bmatrix} + \begin{bmatrix} 0 \\ f \end{bmatrix}$$

가 된다. $\lambda_1 \neq \lambda_2$이므로, Q가 가역행렬이고,

$$Q^{-1} = \frac{1}{\lambda_2 - \lambda_1} \begin{bmatrix} \lambda_2 & -1 \\ -\lambda_1 & 1 \end{bmatrix}$$

이 된다는 것을 쉽게 확인할 수 있다. 위 미분방정식에 Q^{-1}를 적용하면, 방정식은

$$\frac{d}{dx} \begin{bmatrix} \xi \\ \eta \end{bmatrix} = D \begin{bmatrix} \xi \\ \eta \end{bmatrix} + Q^{-1} \begin{bmatrix} 0 \\ f \end{bmatrix} = D \begin{bmatrix} \xi \\ \eta \end{bmatrix} + \frac{1}{\lambda_2 - \lambda_1} \begin{bmatrix} -f \\ f \end{bmatrix}$$

가 된다. 그러므로, (4.14)를 적용하면,

$$\begin{aligned} \xi(x) &= C_1\, e^{\lambda_1 x} + e^{\lambda_1 x} \int_{x_0}^{x} \frac{-f(y)}{\lambda_2 - \lambda_1} e^{-\lambda_1 y}\, dy \\ \eta(x) &= C_2\, e^{\lambda_2 x} + e^{\lambda_2 x} \int_{x_0}^{x} \frac{f(y)}{\lambda_2 - \lambda_1} e^{-\lambda_2 y}\, dy \end{aligned}$$

가 된다. 이제 (4.15)을 이용하면, 2계 선형미분방정식 (4.10)의 해가

$$u(x) = C_1\, e^{\lambda_1 x} + C_2\, e^{\lambda_2 x} + \int_{x_0}^{x} \frac{-e^{\lambda_1 x}\, e^{\lambda_2 y} + e^{\lambda_2 x}\, e^{\lambda_1 y}}{(\lambda_2 - \lambda_1) e^{(\lambda_1 + \lambda_2)\, y}} f(y)\, dy \tag{4.16}$$

가 된다는 것을 알 수 있다. 여기서 C_1, C_2는 상수인데, 초기조건이 정해지면 이 상수를 결정할 수 있다. 적분구간을 나타내는 x_0는 아무거나 잡아도 되는데, 초기조건이 주어진 점을 x_0로 잡는 것이 가장 편리하다.

예제 4.3 *선형 2계 미분방정식의 초깃값문제*

$$y'' + 5y' + 6y = 0, \quad y(0) = 2, \quad y'(0) = 3$$

의 해를 구해보자. 이 미분방정식에서 나타나는 행렬 A는 $\begin{bmatrix} 0 & 1 \\ -6 & -5 \end{bmatrix}$ *이고, 이 행렬의 고윳값이 -2와 -3이므로 방정식의 일반해는*

$$y(t) = C_1 e^{-2t} + C_2 e^{-3t}$$

이다. 초기조건을 이용해 상수를 결정하면 $C_1 = 9$, $C_2 = -7$이 되므로, 주어진 초깃값문제의 해는

$$y(t) = 9e^{-2t} - 7e^{-3t}$$

이다.

연습문제 4.3 *초깃값문제*

$$u'' - 2u' + \frac{3}{4}u = e^t, \quad u(0) = 2, \quad u'(0) = \frac{1}{2}$$

의 해를 구하라.

(II) 중근인 경우. 특성방정식이 서로 다른 두 개의 실근을 가질 경우에 해를 구한 방법을 다시 살펴보기로 하자. 앞에서는 주어진 행렬 A에 대해 $AQ = QD$을 만족하는 Q와 대각행렬 D을 구하면 주어진 미분방정식을 (4.13)의 형태로 변환할 수 있어서 해를 구할 수 있었다. 그리고 서로 다른 두 개의 고윳값에 대응되는 고유벡터를 구하면 변환행렬 Q를 구할 수 있다. 그런데 특성방정식이 중근을 가질 경우, 고윳값은 하나 밖에 없고, 거기에 대응되는 고유벡터가 하나 밖에 없는 경우가 있다[4]. 물론 여기서 고유벡터가 하나라는 뜻은 같은 벡터의 상수배를 하나로 간주한다는 뜻이다. 예를 들어 행렬 $\begin{bmatrix} 0 & 1 \\ -1 & 2 \end{bmatrix}$의 고윳값은 1

[4]물론 두 개인 경우도 있다. 예를 들어 A가 대칭행렬이면 두 개가 있다.

이고, 그에 대응되는 고유벡터는 $\begin{bmatrix} 1 \\ 1 \end{bmatrix}$의 상수배이다.

고유벡터가 하나 밖에 없는 경우에는 어떻게 해야 할까? 여기서 설명할 방법은 역시

$$AQ = QU \tag{4.17}$$

를 만족하는 행렬 Q와 U를 구하는 것이다. 이 경우 U는 일반적으로 대각행렬이 아니고 위삼각행렬(upper triangular matrix)이 된다. 위삼각행렬이란 $\begin{bmatrix} \lambda_1 & \lambda_2 \\ 0 & \lambda_3 \end{bmatrix}$ 와 같은 형태의 행렬을 말하는데, 이러한 행렬로 표시되는 방정식도 풀 수 있다. 이 경우 변환된 방정식은

$$\frac{d}{dx}\begin{bmatrix} \xi \\ \eta \end{bmatrix} = \begin{bmatrix} \lambda_1 & \lambda_2 \\ 0 & \lambda_3 \end{bmatrix}\begin{bmatrix} \xi \\ \eta \end{bmatrix} + \begin{bmatrix} f \\ g \end{bmatrix}$$

의 꼴이 되는데, $\xi'(x)$는 ξ와 η의 결합으로 표현되는 반면, $\eta'(x)$는 η만으로 표현된다는 것을 알 수 있다. 그러므로 η를 구할 수 있는데, 이를 첫번째 식에 대입하면 ξ도 구할 수 있다.

이제 A를 (4.17)과 같이 나타내는 방법을 알아보자. 행렬 A의 특성방정식의 중근을 λ_*라 하자. 그러면 이전 경우와 같이 $\mathbf{v}_1 = \begin{bmatrix} 1 \\ \lambda_* \end{bmatrix}$가 A의 고유벡터라는 것을 쉽게 확인할 수 있다. 즉,

$$\begin{bmatrix} 0 & 1 \\ -\beta & -\alpha \end{bmatrix}\begin{bmatrix} 1 \\ \lambda_* \end{bmatrix} = \lambda_* \begin{bmatrix} 1 \\ \lambda_* \end{bmatrix}$$

가 성립한다. 반면, 근과 계수와의 관계 $2\lambda_* = -\alpha$, $\lambda^2 = \beta$를 이용하면,

$$\begin{bmatrix} 0 & 1 \\ -\beta & -\alpha \end{bmatrix}\begin{bmatrix} -\lambda_* \\ 1 \end{bmatrix} = (1+\lambda_*^2)\begin{bmatrix} 1 \\ \lambda_* \end{bmatrix} + \lambda_* \begin{bmatrix} -\lambda_* \\ 1 \end{bmatrix}$$

이 성립한다는 것을 확인할 수 있다. 이제 $\mathbf{v}_2 = \begin{bmatrix} -\lambda_* \\ 1 \end{bmatrix}$이라 두면,

$$\begin{aligned}
\begin{bmatrix} 0 & 1 \\ -\beta & -\alpha \end{bmatrix} \begin{bmatrix} 1 & -\lambda_* \\ \lambda_* & 1 \end{bmatrix} &= \begin{bmatrix} 0 & 1 \\ -\beta & -\alpha \end{bmatrix} \begin{bmatrix} \mathbf{v}_1 & \mathbf{v}_2 \end{bmatrix} \\
&= \begin{bmatrix} \lambda_* \mathbf{v}_1 & (1+\lambda_*^2)\mathbf{v}_1 + \lambda_* \mathbf{v}_2 \end{bmatrix} \\
&= \begin{bmatrix} \mathbf{v}_1 & \mathbf{v}_2 \end{bmatrix} \begin{bmatrix} \lambda_* & 1+\lambda_*^2 \\ 0 & \lambda_* \end{bmatrix} \\
&= \begin{bmatrix} 1 & -\lambda_* \\ \lambda_* & 1 \end{bmatrix} \begin{bmatrix} \lambda_* & 1+\lambda_*^2 \\ 0 & \lambda_* \end{bmatrix}
\end{aligned}$$

가 성립한다. 즉,

$$Q := \begin{bmatrix} 1 & -\lambda_* \\ \lambda_* & 1 \end{bmatrix}, \quad U := \begin{bmatrix} \lambda_* & 1+\lambda_*^2 \\ 0 & \lambda_* \end{bmatrix} \tag{4.18}$$

라 두면, (4.17)가 성립한다.

이제 ξ와 η를

$$\begin{bmatrix} u \\ v \end{bmatrix} = Q \begin{bmatrix} \xi \\ \eta \end{bmatrix} \tag{4.19}$$

로 정의하면, 변환된 방정식은

$$\frac{d}{dx} \begin{bmatrix} \xi \\ \eta \end{bmatrix} = U \begin{bmatrix} \xi \\ \eta \end{bmatrix} + Q^{-1} \begin{bmatrix} 0 \\ f \end{bmatrix}$$

가 된다. 이 경우,

$$Q^{-1} = \frac{1}{1+\lambda_*^2} \begin{bmatrix} 1 & \lambda_* \\ -\lambda_* & 1 \end{bmatrix}$$

이므로, 이 방정식을 풀어 쓰면,

$$\begin{aligned} \xi'(x) &= \lambda_* \xi(x) + (1+\lambda_*^2)\,\eta(x) + \frac{\lambda_*}{1+\lambda_*^2} f(x) \\ \eta'(x) &= \lambda_* \eta(x) + \frac{1}{1+\lambda_*^2} f(x) \end{aligned}$$

가 되고, 해는

$$\begin{aligned} \xi(x) &= C_1 e^{\lambda_* x} + e^{\lambda_* x} \int_{x_0}^{x} \left[(1+\lambda_*^2)\,\eta(y) + \frac{\lambda_*}{1+\lambda_*^2} f(y)\right] e^{-\lambda_* y}\, dy \\ \eta(t) &= C_2 e^{\lambda_* x} + e^{\lambda_* x} \int_{x_0}^{x} \frac{1}{1+\lambda_*^2} f(y) e^{-\lambda_* y}\, dt \end{aligned}$$

두번째 식을 첫번째 식에 대입하고 (4.19)를 이용하면,

$$\begin{aligned} u(x) &= \xi(x) - \lambda_* \eta(x) \\ &= (C_1 - \lambda_* C_2)\, e^{\lambda_* x} + e^{\lambda_* x} \int_{x_0}^{x} (1+\lambda_*^2)\,\eta(y)\, e^{-\lambda_* y}\, dy \\ &= (C_1 - \lambda_* C_2)\, e^{\lambda_* x} + e^{\lambda_* x} \int_{x_0}^{x} \left[C_2\,(1+\lambda_*^2) + \int_{x_0}^{y} f(\tau)\, e^{-\lambda_* \tau}\, d\tau\right] dy \\ &= (C_1 - \lambda_* C_2)\, e^{\lambda_* x} + C_2\,(1+\lambda_*^2)\,(x-a) e^{\lambda_* x} + e^{\lambda_* x} \int_{x_0}^{x} (x-y) e^{-\lambda_* y} f(y)\, dy \end{aligned}$$

가 된다. 즉,

$$u(x) = A_1 e^{\lambda_* x} + A_2\, x\, e^{\lambda_* x} + \int_{x_0}^{x} (x-y) e^{-\lambda_* (y-x)} f(y)\, dy \qquad (4.20)$$

가 된다.

예제 4.4 *미분방정식*

$$u''(t) - 2u'(t) + u(t) = 1$$

을 살펴보자. 이 미분방정식에 대응되는 행렬 A는 $\begin{bmatrix} 0 & 1 \\ -1 & 2 \end{bmatrix}$*인데, 이 행렬의 고윳값은 1이고, 그에 대응되는 고유벡터는* $\begin{bmatrix} 1 \\ 1 \end{bmatrix}$*라는 것을 앞에서 살펴보았다.*

그러므로, A는

$$\begin{bmatrix} 0 & 1 \\ -1 & 2 \end{bmatrix} = \begin{bmatrix} 1 & -1 \\ 1 & 1 \end{bmatrix} \begin{bmatrix} 1 & 2 \\ 0 & 1 \end{bmatrix} \begin{bmatrix} 1 & -1 \\ 1 & 1 \end{bmatrix}^{-1}$$

로 분해할 수 있다.

식 (4.20)을 이용하면 일반해는

$$u(t) = A_1\, e^t + A_2\, t\, e^t + \int_0^t (t-s)e^{t-s}\, ds = A_1\, e^t + A_2\, t\, e^t + te^t - e^t + 1$$

이 된다. 초기조건이 $u(0) = 0$, $u'(0) = 0$로 주어진다면, $A_1 = 2$, $A_2 = -2$가 되어, 초기값문제의 해는

$$u(t) = e^t - te^t + 1$$

이다.

연습문제 4.4 초깃값문제

$$y'' - y' + \frac{1}{4}y = e^t, \quad y(0) = 0, \quad y'(0) = 0$$

의 해를 구하라.

(II) 켤레복소수인 경우. 특성방정식의 두 근이 켤레복소수, 즉

$$\lambda_1 = \lambda_0 + i\,\omega_0, \quad \lambda_2 = \lambda_0 - i\,\omega_0 \quad (\omega_0 \neq 0)$$

인 경우에는 서로 다른 실근을 갖는 경우와 같은 방법을 적용하여 해가

$$u(x) = C_1\, e^{\lambda_1 x} + C_2\, e^{\lambda_2 x} + \int_{x_0}^{x} \frac{-e^{\lambda_1 x}\, e^{\lambda_2 y} + e^{\lambda_2 x}\, e^{\lambda_1 y}}{(\lambda_2 - \lambda_1)e^{(\lambda_1+\lambda_2)\, y}}\, f(y)\, dy$$

로 주어진다는 것을 알 수 있다. 여기서 오일러의 식

$$e^{i\gamma} = \cos\gamma + i\,\sin\gamma \quad (\gamma:\ \text{실수})$$

를 적용하면,

$$\begin{aligned} u(x) &= (C_1 + C_2)\,e^{\lambda_0\,x}\cos\omega_0 x + i(C_1 - C_2)\,e^{\lambda_0\,x}\sin\omega_0 x \\ &\quad + \int_{x_0}^{x} \frac{e^{\lambda_0(x+y)}\,\sin\omega_0(x-y)}{\omega_0 e^{2\lambda_0 y}} f(y)\,dy, \end{aligned}$$

즉,

$$u(x) = A_1\,e^{\lambda_0\,x}\cos\omega_0 x + A_2\,e^{\lambda_0\,x}\sin\omega_0 x + \int_{x_0}^{x} \frac{e^{\lambda_0(x+y)}\,\sin\omega_0(x-y)}{\omega_0 e^{2\lambda_0 y}} f(y)\,dy \tag{4.21}$$

가 된다.

특성방정식의 해가 복소수인 경우는 실수인 경우와 비교하여 그 미분방정식이 나타내는 물리적 현상이 아주 다르다. 이 경우 해는 $\cos\omega_0 x$나 $\sin\omega_0 x$와 같은 진동하는 항을 포함하고 있다. 그러므로 이 경우는 현이나 용수철과 같이 진동하는 현상을 기술하는 문제에서 자연스럽게 등장하게 되는데, 이 절의 처음에 다루었던 용수철 계 문제를 다루어보자.

예제 4.5 *미분방정식 (4.9)의 특성방정식은 $\lambda^2 + \omega^2 = 0$이고, 근이 $\lambda_1 = i\,\omega$, $\lambda_2 = -i\,\omega$ 이다. 즉, 앞에서 다룬 세번째 경우에 해당하며, 예상할 수 있는 바와 같이 용수철은 진동한다.*

초기조건이 $u(0) = u_0,\ u'(0) = v_0$으로 주어졌다고 하자. 방정식의 해는

$$u(t) = C_1\,\cos\omega t + C_2\,\sin\omega\,t + \int_0^t \frac{\sin\omega(t-s)}{\omega}\,g\,ds$$

가 된다. 여기서 눈여겨 볼 것은 적분의 한 쪽 끝을 0으로 택한 것인데, 이것은 초기조건이 $t = 0$일 때 주어졌기 때문이다. 물론 다른 값을 택해도 무방하지만

계산이 조금 더 복잡해질 수 있다. 이 적분을 계산하면

$$u(t) = C_1 \cos\omega t + C_2 \sin\omega\, t + \frac{g}{\omega^2}(1-\cos\omega t)$$

가 되고, 초기조건을 만족하도록 C_1*과* C_2*를 정하면, 해가*

$$u(t) = u_0 \cos\omega t + \frac{v_0}{\omega}\sin\omega t + \frac{g}{\omega^2}(1-\cos\omega\, t)$$

가 된다.

이 식을 자세히 살펴보면 흥미로운 사실을 발견할 수 있다. 짧은 시간 t*에 대해, 테일러 전개식*

$$\cos\omega t = 1 - \frac{1}{2}\omega^2 t^2 + \ldots, \quad \sin\omega t = \omega t + \ldots$$

를 이용하면,

$$u(t) = u_0 + v_0\, t + \frac{1}{2}\left(g - \frac{k\, u_0}{m}\right) t^2 + \ldots$$

를 얻을 수 있는데, u_0*는 초기변이,* v_0*은 초기속도인데, 중력가속도* g*가 약간 바뀌어* $g - \frac{k\,u_0}{m}$*가 된다. 이것을 가상중력(virtual gravity)라 부른다.*

연습문제 4.5 *초깃값문제*

$$4u''(t) + u(t) = \cos t, \quad u(0) = 0, \quad u'(0) = 0$$

의 해를 구하라.

4.4 미분방정식의 수치적 해법-오일러의 방법

미분방정식

$$u''(t) + \sin u(t) = 0$$

에 대해서 간단히 언급하면서 이 절을 시작한다. 이 방정식은 비선형 진자운동을 기술하는 방정식인데, 방정식의 모양은 간단해 보이지만 아주 난해한 방정식으로 정평이 나 있다. 물론 해를 구할 수 없다. 이와 같이 해를 구할 수 없을 때에는 어떻게 하나? 한 가지 방법은 $u(t)$가 아주 작을 때, 즉, 진자가 아주 조금만 움직일 때에는 근사식 $\sin u(t) \approx u(t)$를 이용하여, 미분방정식을

$$u''(t) + u(t) = 0$$

으로 근사하여 해를 구하는 것이다. 이 방정식은 앞에서 배운 방법으로 해결할 수 있는데, 해가

$$u(t) = C_1 \cos t + C_2 \sin t$$

되고, 진자의 진동운동을 나타낸다.

해를 해석적으로 구할 수 없는 경우에 해를 구하기 위해 인류가 발전시킨 가장 중요한 방법은 컴퓨터를 이용하여 해를 수치적으로 구하는 것이다. 여기서는 수치적으로 해를 구하는 가장 간단한 방법인 오일러의 방법(Euler's method)에 대해서 1계 미분방정식 (4.1)를 가지고 살펴보자.(문헌 [6] 참조)

미분방정식의 해를 수치적으로 구한다는 것은 해의 함수값 $u(x_1)$, $u(x_2)$, $\ldots$를 구한다는 의미이다. 즉, 원하는 구간 $[a, b]$에서 함수 $u = u(x)$를 구하는 대신, 그 구간의 몇 개의 점 x_1, x_2, $\ldots$ x_N에서 함수값을 구하는 것이다. 이 점들이 충분히 많으면 함수값으로부터 함수의 좋은 근사를 구할 수 있을 것이다.

초깃값문제

$$u'(x) = f(x, u), \quad u(x_0) = u_0$$

을 고려하자. 문제는 이 방정식의 해 $u(x)$를 구간 $[a, b]$에서 구하는 것이다. 여기서 $a = x_0$이다. 구간 $[a, b]$를 N 등분하여 소구간의 길이를 h라 두고,

$$x_1 = x_0 + h, \quad x_2 = x_0 + 2h = x_1 + h, \quad \ldots, \quad x_N = x_0 + Nh = x_{N-1} + h$$

라 두자. (그림 4.4 참고). 이제 $u_k = u(x_k)$로 둘 때, 우리의 목적은 $u_1, \ldots, u_N$을 구하는 것이다.

미분방정식을 이용해서 어떻게 u_k들을 구할 수 있을까? 해결책은 미분의

Figure 4.4: 이산화

정의에서 나온다. 미분의 정의에 의하면,

$$u'(x) = \lim_{h \to 0} \frac{u(x+h) - u(x)}{h}$$

이므로, h가 아주 작으면 $\frac{u(x+h)-u(x)}{h}$가 $u'(x)$의 좋은 근사값이 된다. 이 근사값을 $u'(x)$ 대신 미분방정식에 적용하면, 미분방정식은

$$\frac{u(x+h) - u(x)}{h} = f(x, u(x))$$

가 된다. 이제 $x = x_k$를 대입하면,

$$\frac{u_{k+1} - u_k}{h} = f(x_k, u_k),$$

즉,

$$u_{k+1} = u_k + f(x_k, u_k)h \tag{4.22}$$

가 된다. 이제 초깃값 u_0에서 출발하여 (4.22)를 이용하여 $u_1, u_2, \ldots$을 차례로 구하면 된다. 다시 말하여

$$\begin{aligned} u_1 &= u_0 + f(x_0, u_0)h \\ u_2 &= u_1 + f(x_1, u_1)h \\ &\vdots \\ u_N &= u_{N-1} + f(x_{N-1}, u_{N-1})h \end{aligned}$$

로 $u_1, u_2, \ldots, u_N$을 구할 수 있다.

여기서 한 가지 언급할 점은 오일러 방법은 구간의 길이 $b-a$가 작을 때에만 좋은 근사값을 제공한다는 것이다. 식 (4.22)를 이용하여 u_{k+1}을 구할 때 쓰는 u_k 값이 참값이 아니고 근사값인데, 그 오차가 u_1에서부터 누적되었기 때문에

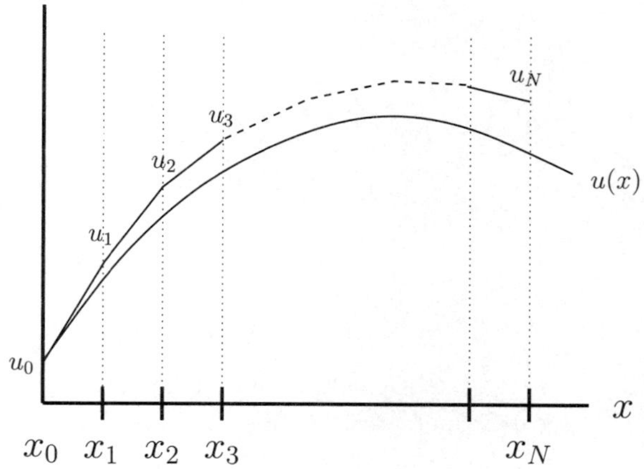

Figure 4.5: 오일러 방법으로 계산한 수치해와 오차

x	0	0.1	0.2	0.3	$\cdots$	0.9
참 해 u	1.0	1.1111	1.2500	1.4286	$\cdots$	10.0000
수치해 u_h	1.0	1.1000	1.2210	1.3701	$\cdots$	4.2892
절대오차 $\|u - u_h\|$	0.0	0.0111	0.0290	0.0585	$\cdots$	5.7118
상대오차 $\|u - u_h\|/\|u\|$ (%)	0.0 %	1.0 %	2.3 %	4.1 %	$\cdots$	57.1 %

Table 4.1: 오일러 방법을 이용한 $u' = u^2$, $u(0) = 1$의 오차분포

k가 크면 오차가 허용되는 한계보다 커질 수 있다. (그림 4.5 참조).

표 4.1는 오일러의 방법을 이용하여 초기값문제

$$u' = u^2, \quad u(0) = 1$$

을 해결한 수치적 해와 정확한 해의 값을 비교한 것이다. 이 초깃값문제는 변수분리방법으로 해결할 수 있는데, 정확한 해는 $u(x) = 1/(1-x)$이다. 구간의 길이를 $h = 0.1$로 잡아서 계산을 한 것인데, 오차가 누적되어 $x = 0.9$에서는 참값과 수치해의 값이 너무 커서 근사해로 받아들일 수 없게 되었다.

연습문제 4.6 *초깃값문제*

$$y'(t) = \sin y(t), \quad y(0) = 0.2$$

의 해를 $y(t)$라 할 때, $y(0.1)$, $y(0.2)$, $y(0.3)$, $y(0.4)$를 오일러의 방법을 이용하

여 구하라.

5

넓이를 가장 크게 만드는 곡선 문제와 변분법

이 장에서 다룰 문제는 그림 5.1과 같이 곡선의 길이가 일정하다는 가정 하에서 곡선 아래의 넓이가 최대가 되는 곡선을 구하는 것이다. 이 문제를 해결하기 위해서 공부할 수학적 방법은 변분법(Calculus of Variation)이다.

본격적인 논의를 시작하기 전에 다음 연습문제를 풀어보는 것이 도움이 될 것이다.

연습문제 5.1 *넓이를 최소로 만드는 곡선은 무엇인가?*

연습문제 5.2 *(i) 둘레가 일정한 값 L인 삼각형 중에서 둘러싸인 넓이가 최대인 것을 구하라. 또 L에 따라 최대면적을 구하라.*

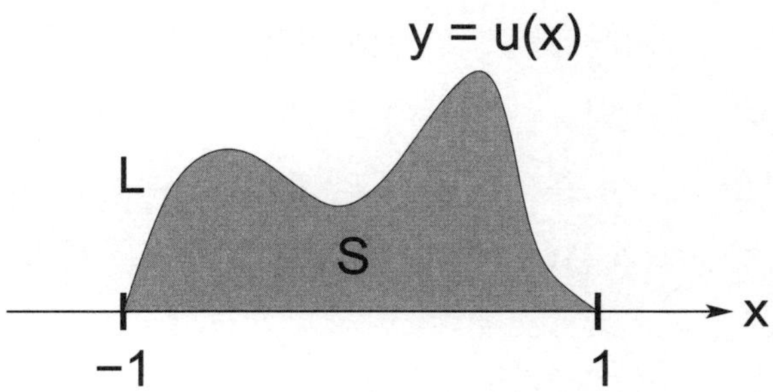

Figure 5.1: 곡선 $y = u(x)$의 길이 L이 일정하다는 제약조건하에서 곡선아래의 넓이 S를 최대로 만드는 문제

(ii) 둘레가 일정한 값 L인 사각형 중에서 둘러싸인 넓이가 최대인 것을 구하라. 또 L에 따라 최대면적을 구하라.

5.1 수학적 모델링

그림 5.1에서 곡선을 $y = u(x)$라 하면 곡선 아래의 넓이는

$$S(u) = \int_{-1}^{1} u(x)\,dx \tag{5.1}$$

가로 주어진다. S는 함수 u에 어떤 값을 대응시키고 있는데 이러한 것을 범함수(functional)이라 부른다. 또, 곡선의 길이가 일정한 값 L이라는 것은

$$\int_{-1}^{1} \sqrt{1 + u'(x)^2}\,dx = L \tag{5.2}$$

로 표현된다. 곡선은

$$u(-1) = u(1) = 0 \tag{5.3}$$

을 만족해야 하므로, 이 장의 문제는 다음과 같이 기술할 수 있다.

문제. *조건 (5.2)와 (5.3)를 만족하는 곡선 $u(x)$ 중에서 $S(u)$가 최대가 되는 것을 구하라.*

이 문제는 제한조건이 있는 상태에서 어떤 양의 최댓값을 구하라는 문제인데, 미적분학에서 이런 종류의 문제를 다루어 보았을 것이다. 예를 들어, $g(x, y) = x^2 + y^2 = 1$ 이라는 조건하에서 $f(x, y) = xy$의 최댓값을 구하는 문제를 풀 수 있을 것이다. 이 문제를 풀 때 라그랑쥐 승수법(Lagrange multiplier method)이라는 방법을 사용하였는데, 이 방법은 새로운 함수

$$f(x, y) + \lambda(g(x, y) - 1)$$

을 도입하고, 이 함수의 최댓값을 구하는 방법이다. 여기서 새로 도입된 변수

λ을 라그랑쥐 승수라 부른다.

이 장에서 다루는 문제도 제한조건 하에서 주어진 범함수의 최댓값을 구하는 문제이므로 라그랑쥐 승수법을 적용할 수 있다. 최대화시키고자 하는 범함수 $S(u)$와 제한조건 $\int_{-1}^{1} \sqrt{1+(u'(x))^2}\,dx = L$을 결합하여

$$S(u) + \lambda \left(\int_{-1}^{1} \sqrt{1+(u')^2}\,dx - L \right) \tag{5.4}$$

을 만들고, 이것의 최댓값을 구하는 문제로 바꿀 수 있다. 여기서 λ은 라그랑쥐 승수로 실수이다. 물론, u는 조건 (5.3)를 만족해야 한다. 다시 말하면,

$$S(u_*) + \lambda_* \left(\int_{-1}^{1} \sqrt{1+(u_*')^2}\,dx - L \right) = \max_{(u,\lambda)} \left[S(u) + \lambda \left(\int_{-1}^{1} \sqrt{1+(u')^2}\,dx - L \right) \right] \tag{5.5}$$

을 만족하는 (u_*, λ_*)를 구하는 문제가 된다.

5.2 변분법과 오일러-라그랑쥐 방정식

이제 (5.4)의 최댓값을 구하는 방법 중 한 가지인 변분법(calculus of variation)에 대하여 살펴보자.

(u_*, λ_*)가 문제 (5.5)의 해라고 하자. 그러면 $u(-1) = u(1) = 0$을 만족하는 임의의 연속함수 u에 대하여

$$S(u_*) + \lambda_* \left(\int_{-1}^{1} \sqrt{1+(u_*')^2}\,dx - L \right) \geq S(u) + \lambda_* \left(\int_{-1}^{1} \sqrt{1+(u')^2}\,dx - L \right) \tag{5.6}$$

이 성립한다. 이제 u_*의 섭동(혹은 변분, variation)을 생각한다. 함수 ϕ가 $\phi(-1) = \phi(1) = 0$을 만족할 때, 임의의 실수 ϵ에 대하여 u_ϵ를

$$u_\epsilon(x) = u_*(x) + \epsilon\,\phi(x)$$

라 두자. 곡선 u_ϵ는 그림 5.2처럼 u_*에 섭동을 준 것이다.

가정에 의하여 $\phi(-1) = \phi(1) = 0$이므로 u_ϵ도 $u_\epsilon(-1) = u_\epsilon(1) = 0$을

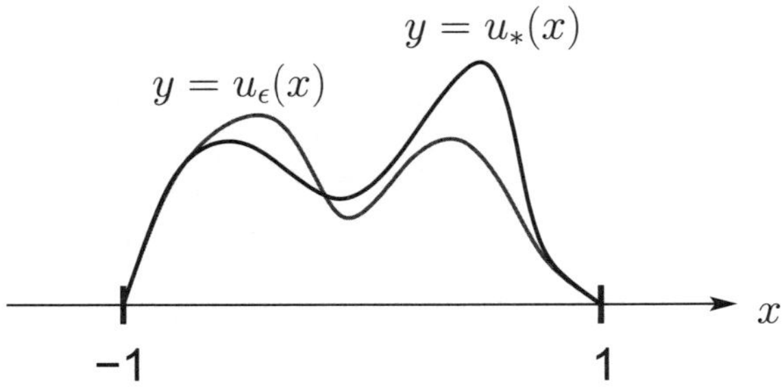

Figure 5.2: 곡선 $y = u_*(x)$로 부터 섭동된 곡선 $y = u_\epsilon(x)$

만족한다. 따라서 u_ϵ 에 대해서도 부등식

$$S(u_*)+\lambda_* \left(\int_{-1}^1 \sqrt{1+(u_*')^2}\,dx - L\right) \geq S(u_\epsilon)+\lambda_* \left(\int_{-1}^1 \sqrt{1+(u_\epsilon')^2}\,dx - L\right) \tag{5.7}$$

이 성립한다. 이제 이 부등식의 오른쪽 항을 정리하면,

$$\begin{aligned}
&S(u_\epsilon) + \lambda_* \left(\int_{-1}^1 \sqrt{1+(u_\epsilon')^2}\,dx - L\right) \\
&= \int_{-1}^1 (u_*(x) + \epsilon\phi(x))\ dx + \lambda_* \left(\int_{-1}^1 \sqrt{1+(u_*' + \epsilon\phi')^2}\,dx - L\right) \\
&= \int_{-1}^1 u_*(x)\,dx + \epsilon \int_{-1}^1 \phi(x)\,dx \\
&\quad + \lambda_* \left(\int_{-1}^1 \sqrt{1+(u_*')^2}\sqrt{1+\epsilon\frac{2u_*'\phi'}{1+(u_*')^2} + \epsilon^2\frac{(\phi')^2}{1+(u_*')^2}}\,dx - L\right)
\end{aligned}$$

이 된다. 테일러 전개식

$$\sqrt{1+t} = 1 + \frac{1}{2}t - \frac{1}{4}t^2 + \cdots \tag{5.8}$$

가 작은 t에 대하여 성립하므로, ϵ이 작으면

$$\sqrt{1+\epsilon\frac{2u_*'\phi'}{1+(u_*')^2} + \epsilon^2\frac{(\phi')^2}{1+(u_*')^2}} = 1 + \epsilon\,\frac{u_*'\,\phi'}{1+(u_*')^2} + \epsilon^2(\cdots)$$

가 성립한다. 따라서

$$
\begin{aligned}
&S(u_\epsilon) + \lambda_* \left(\int_{-1}^{1} \sqrt{1 + (u_\epsilon')^2}\, dx - L \right) \\
&= \int_{-1}^{1} u_*(x)\, dx + \epsilon \int_{-1}^{1} \phi(x)\, dx \\
&\quad + \lambda_* \left[\int_{-1}^{1} \sqrt{1 + (u_*')^2} \left(1 + \epsilon \frac{u_*' \phi'}{1 + (u_*')^2} + \epsilon^2(\cdots) \right) dx - L \right] \\
&= \int_{-1}^{1} u_*(x)\, dx + \lambda_* \left(\int_{-1}^{1} \sqrt{1 + (u_*')^2}\, dx - L \right) \\
&\quad + \epsilon \left(\int_{-1}^{1} \phi\, dx + \lambda_* \int_{-1}^{1} \frac{u_*' \phi'}{\sqrt{1 + (u_*')^2}}\, dx \right) + \epsilon^2(\cdots)
\end{aligned}
$$

를 얻는다. 이 식을 (5.7)에 대입하여 비교하면, 부등식

$$
0 \geq \epsilon \left(\int_{-1}^{1} \phi\, dx + \lambda_* \int_{-1}^{1} \frac{u_*' \phi'}{\sqrt{1 + (u_*')^2}}\, dx \right) + \epsilon^2(\cdots)
$$

이 성립한다는 것을 알 수 있다. 그런데 이 부등식이 작은 모든 실수 ϵ에 대하여 성립하므로 ϵ 항이 0이 되어야한다. 즉,

$$
\int_{-1}^{1} \phi\, dx + \lambda_* \int_{-1}^{1} \frac{u_*' \phi'}{\sqrt{1 + (u_*')^2}}\, dx = 0
$$

함수 ϕ가 $\phi(-1) = \phi(1) = 0$을 만족하므로 부분적분을 적용하면

$$
\int_{-1}^{1} \left[1 - \lambda_* \left(\frac{u_*'}{\sqrt{1 + (u_*')^2}} \right)' \right] \phi\, dx = 0
$$

이 된다. 이 식이 모든 연속함수 ϕ에 대하여 성립하므로,

$$
1 - \lambda_* \left(\frac{u_*'}{\sqrt{1 + (u_*')^2}} \right)' = 0 \tag{5.9}
$$

이 성립한다. 이 미분방정식을 변분법 문제 (5.5)의 오일러-라그랑쥐 방정식 (Euler-Lagrange equation)이라 한다. 이 방정식을 풀어 u_*를 구하고, 그 해가 조건 (5.2)와 (5.3)를 만족하면, 이 해는 범함수 $S(u)$의 최댓값이 되는 함수라는 보장을 할 수는 없으나 적어도 극값은 된다.

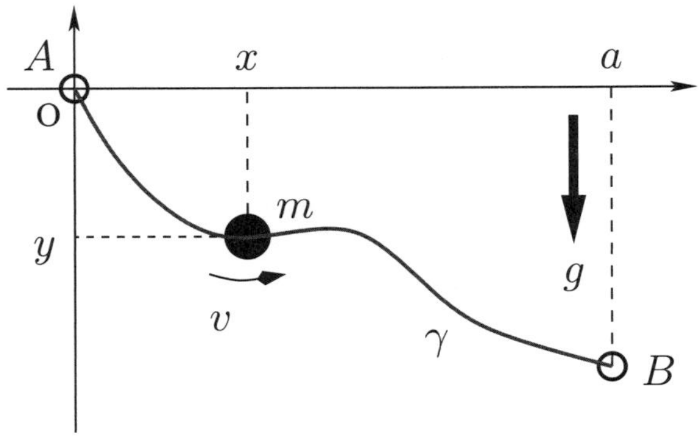

Figure 5.3: 중력하에서 최소강하곡선

5.3 최속강하선 문제

그림 5.3에서 처럼 점 A에서 정지해 있던 질량 m인 물체가 중력에 의하여 주어진 곡선을 따라 가속되면서 미끄러져 내리기 시작한 구슬이 점 B에 도착하도록 하는 곡선들을 생각하자. 에너지 보존 법칙에 의하면 물체가 B에 도달하기 위한 필요조건은 점 B가 A보다 아래쪽에 위치해야하고 물체의 궤도인 곡선은 점 A의 높이 보다 낮아야 한다. 이러한 궤도 곡선들 중에 도달시간이 가장 작은 곡선을 최속강하선[1]이라 부른다.

곡선의 아주 짧은 구간 ds에서 속력이 v라면, ds를 지나는데 걸리는 시간은 $\frac{ds}{v}$이 된다. 그러므로 곡선 γ를 따라 내려오는데 걸리는 시간 t_{AB}는 곡선 γ에서의 선적분

$$t_{AB} = \int_\gamma \frac{ds}{v}$$

로 주어진다. 운동 에너지와 위치 에너지의 합이 보존되야 한다는 에너지 보존 법칙,

$$\frac{1}{2}mv^2 + mgy = 0 \quad (y < 0 \text{ 이고 } g\text{는 중력가속도})$$

으로 부터 $v = \sqrt{-2gy}$가 되고, 미적분학에서 배운대로 $ds = \sqrt{1+y'^2}dx$ 이므

[1]Brachistochrone problem. 1696년 요한 베르누이(Johann Bernoulli, 1667-1748, 스위스의 수학자. 오일러의 스승)가 제시한 문제로 뉴턴, 라이쁘니쯔, 로피탈, 베르누이 형제 등이 해결했다고 알려져 있다.

로,

$$t_{AB} = \int_0^a \frac{\sqrt{1+y'^2}}{\sqrt{-2gy}}dx \tag{5.10}$$

가 되는데, 이 적분을 $y = y(x) < 0$로 주어진 곡선 γ에 따라 변하는 범함수로 볼 수 있다.

이제 이 범함수의 오일러-라그랑쥐 방정식을 구해 보자. 곡선 $y = y(x)$를 이 문제의 해, 즉 최속강하곡선이라 하고, 앞에서와 마찬가지로 $y(x)$를 $y(x) + \epsilon\phi(x) < 0$와 같이 변동시키면, 부등식

$$\int_0^a \frac{\sqrt{1+y'^2}}{\sqrt{-y}}dx \le \int_0^a \frac{\sqrt{1+(y'+\epsilon\phi')^2}}{\sqrt{-(y+\epsilon\phi)}}dx$$

가 성립한다. 여기서 점 A와 점 B가 고정되어 있으므로 조건 $\phi(0) = \phi(a) = 0$이 만족되어야 한다. 이제 위 부등식의 오른쪽 항을 ϵ에 대해 전개하여 전개식

$$\int_0^a \frac{\sqrt{1+(y'+\epsilon\phi')^2}}{\sqrt{-(y+\epsilon\phi)}}dx = \int_0^a \frac{\sqrt{1+y'^2}}{\sqrt{-y}}dx + \epsilon J_1 + \epsilon^2 J_2 + \cdots$$

을 구하고, ϵ 항을 0으로 두면 된다. 이 전개식을 구하려면 식 (5.8)을 이용해도 되지만, 여기서는 부등식의 오른쪽 항을 ϵ에 대해 미분하는 것이 더 편리하다. 오른쪽 항을 ϵ에 대해 미분하고 $\epsilon = 0$을 대입하면, ϵ 항은

$$J_1 = \int_0^a \left[\frac{y'\phi'}{\sqrt{-y(1+y'^2)}} + \frac{\sqrt{1+y'^2}\phi}{2(-y)^{3/2}}\right]dx$$

이고, 이것이 0이 되어야 한다. 앞에서처럼 부분적분을 적용하면, 구하는 식은

$$\int_0^a \left[-\left(\frac{y'}{\sqrt{-y(1+y'^2)}}\right)' + \frac{\sqrt{-y(1+y'^2)}}{2y^2}\right]\phi(x)\,dx = 0$$

이 되는데, 이 식이 모든 ϕ에 대해 성립하므로,

$$\left(\frac{(-y)'}{\sqrt{-y(1+y'^2)}}\right)' + \frac{\sqrt{-y(1+y'^2)}}{2y^2} = 0$$

이 성립한다. 미분을 계산하여 정리하면

$$y''y + \frac{1}{2}(1 + y'^2) = 0$$

이 되는데, 양변에 y'을 곱하면

$$y''y'y + \frac{1}{2}(1 + y'^2)y' = 0$$

이 된다. 그런데,

$$[(1 + y'^2)y]' = 2y''y'y + (1 + y'^2)y' = 0$$

이므로 범함수 (5.10)의 오일러-라그랑쥐 방정식은

$$(1 + y'^2)y = -2h \quad (h > 0 \text{ 는 상수}) \tag{5.11}$$

이다.

다음 절에서 미분방정식 (5.9)을 푸는 방법과 같은 방법으로 이 방정식의 해를 구할 수 있다. 하지만 간단히 싸이클로이드가 이 방정식의 해라는 것을 보일 수 있는데 이것은 연습문제로 다루기로 한다.

연습문제 5.3 *싸이클로이드 $x = h(\theta - \sin\theta)$, $y = h(-1 + \cos\theta)$ (c는 상수)가 방정식 (5.11)의 해가 됨을 보여라.*

원점과 양의 x-축 위의 임의의 점 $(x, 0)$을 연결하는 싸이클로이드는 $2\pi h = x$인 h로 주어진다. 모든 x에 대하여 이 싸이클로이드를 다 모으면 평면의 4 사분면을 다 채우게 된다. 이는 점 A를 원점에 두고 B를 4 사분면에 있는 점이라 하면 A에서 출발하여 점 B를 지나는 싸이클로이드가 단 하나 존재한다는 것을 의미하는데, 이 싸이클로이드가 A와 B를 연결하는 최속강하곡선이다. 점 $B = (x, y)$를 지나는 싸이클로이드가 단 하나 존재한다는 것을 보이려면

연립방정식

$$\begin{cases} h(\theta - \sin\theta) & = x \\ h(-1 + \cos\theta) & = y \end{cases} \tag{5.12}$$

의 해 $(h, \theta)(0 < \theta < 2\pi)$가 단 하나 존재한다는 것을 보여야 하는데, 이것은 어렵지 않게 보일 수 있다. 두 식을 나누면

$$\frac{\theta - \sin\theta}{-1 + \cos\theta} = \frac{x}{y} \tag{5.13}$$

가 되므로, 이 식을 만족하는 θ가 0과 2π 사이에 단 하나 존재한다는 것을 증명하면 된다. 함수 $f(\theta)$를

$$f(\theta) := \frac{\theta - \sin\theta}{-1 + \cos\theta} \tag{5.14}$$

라 두면, $f'(\theta) < 0$이 되어 f는 단조감소함수이고,

$$\lim_{0+} f(\theta) = 0, \quad \lim_{2\pi-} f(\theta) = -\infty$$

가 성립한다는 것을 쉽게 확인할 수 있다. 점 B가 제 4 사분면에 있으므로, $\frac{x}{y} < 0$이고, 따라서 (5.14)를 만족하는 θ가 단 하나 존재한다. h는 (5.12)의 식 중에서 하나를 이용하여 구할 수 있다.

실제로 이 연립방정식의 해를 구하는 것은 불가능한데, 다음 장에서 이 해의 근사값을 컴퓨터를 이용해 수치적으로 구하는 방법인 뉴턴의 방법에 대해서 공부할 것이다.

연습문제 5.4 *변분법을 이용하여 두 점을 잇는 최단 곡선은 직선임을 보여라.*

5.4 넓이를 가장 크게 만드는 곡선 문제의 해

이제 넓이를 가장 크게 만드는 곡선 문제의 해를 구해보자. 이를 위해서는 앞에서 구한 오일러-라그랑쥐 방정식 (5.9)를 풀면 된다. 방정식 (5.9)을 적분하면,

$$x + A - \lambda_* \frac{u'_*(x)}{\sqrt{1+(u'_*(x))^2}} = 0$$

을 얻는데, 여기서 A는 상수이다.

구하는 곡선 $y = u_*(x)$가 매개식으로 $x = x(s)$, $y = y(s)$로 표현되면, $u'_*(x) = \dot{y}(s)/\dot{x}(s)$가 되므로, 방정식은

$$x + A - \lambda_* \frac{\dot{y}(s)}{\sqrt{\dot{x}(s)^2 + \dot{y}(s)^2}} = 0$$

가 된다. 여기서 $\dot{y}$ 등은 s에 대한 도함수를 나타낸다. 특별히 매개식 $(x, y) = (x(s), y(s))$이 호의 길이로 매개화되었다면, $\dot{x}(s)^2 + \dot{y}(s)^2 = 1$ 이므로, 방정식은 간단하게

$$x(s) + A - \lambda_* \dot{y}(s) = 0 \tag{5.15}$$

이 된다.

잠시 미적분학에서 배운 호의 길이에 의한 매개화(arclength parametrization)에 대해서 살펴보자. 호의 길이로 매개화는 그림 5.4처럼 매개변수 s가 시작점에서 점 $(x(s), y(s))$까지의 호의 길이가 되도록 매개변수 s를 택한 매개화 방법이다. 시작점에서 점 $(x(s), y(s))$까지의 호의 길이가 $\int_0^s \sqrt{\dot{x}(t)^2 + \dot{y}(t)^2}dt$ 가 되므로, 호의 길이로 매개화되었다면, 식

$$\int_0^s \sqrt{\dot{x}(t)^2 + \dot{y}(t)^2}dt = s$$

가 모든 s에 대해서 성립한다. 이 식의 양변을 s에 대하여 미분하면,

$$\sqrt{\dot{x}(s)^2 + \dot{y}(s)^2} = 1$$

이 되는데, $\sqrt{\dot{x}(s)^2 + \dot{y}(s)^2}$가 시간 s에 따라 변화하는 속력을 나타내므로 호

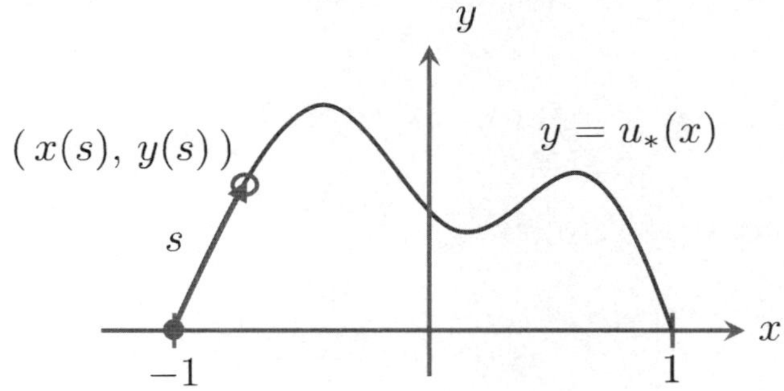

Figure 5.4: 호의 길이 s에 의한 곡선의 매개화

의 길이로 매개화한다는 것은 속력이 항상 1이 되도록 매개화하는 것과 같은 의미이다.

이제 미분방정식 (5.15)로 돌아가자. 만약 $\lambda_* = 0$이라면 $x(s)$가 상수가 되고, 이것은 x-좌표가 고정되어있다는 의미이므로 우리가 구하는 곡선이 아니다. 그러므로 $\lambda_* \neq 0$이다. 방정식 (5.15)에서 $\dot{y}(s) = (x(s) + A)/\lambda_*$를 얻을 수 있는데, 이 식을 $\dot{x}(s) = \sqrt{1 - \dot{y}(s)^2}$ 에 대입하면,

$$\dot{x}(s) = \sqrt{1 - \left(\frac{x + A}{\lambda_*}\right)^2}.$$

이제 $X(s) = (x(s) + A)/\lambda_*$라 두면, $X(s)$에 대한 미분방정식

$$\lambda_* \dot{X}(s) = \sqrt{1 - X^2} \tag{5.16}$$

을 얻을 수 있다.

이 미분방정식은 변수분리 방법을 이용하여 풀 수 있다. 변수를 분리하면,

$$\frac{\lambda_*}{\sqrt{1 - X^2}}\, dX = ds$$

가 되고, 이 식을 적분하여

$$\int \frac{\lambda_*}{\sqrt{1 - X^2}}\, dX = \int ds$$

를 얻는다. 함수 $1/\sqrt{1-X^2}$의 원시함수가 $\sin^{-1} X$이므로, 적분하면

$$\lambda_* \sin^{-1} X = s + B$$

를 얻는다. 여기서 B는 상수이다. 즉,

$$X(s) = \sin \frac{s+B}{\lambda_*}$$

가 되고, $x(s)$의 식을 구하면

$$x(s) = \lambda_* \sin \frac{s+B}{\lambda_*} - A. \tag{5.17}$$

$y(s)$는 $\lambda_* \dot{y}(s) = x(s) + A$, 즉 $\dot{y}(s) = X(s)$를 만족하므로,

$$y(s) = -\lambda_* \cos \frac{s+B}{\lambda_*} + C \tag{5.18}$$

가 되는데, C도 상수이다.

이제 상수 λ_*, A, B, C를 결정하기 위해 경계조건을 고려한다. 함수 u_*가 $u_*(-1) = u_*(1) = 0$을 만족해야 하는데, 이 조건을 매개식 $(x(s), y(s))$의 조건으로 표현하면 어떻게 되는지를 살펴보자. 곡선이 호의 길이로 매개화 되었으므로, 매개변수 s는 길이가 L인 구간에 속해야 한다. 여기서는 구간 $0 \le s \le L$을 택하기로 한다. 곡선의 시작점이 $(-1, 0)$ 이므로 $(x(0), y(0)) = (-1, 0)$ 을 만족해야 하고, 끝점이 $(1, 0)$ 이므로 $(x(L), y(L)) = (1, 0)$ 을 만족해야 한다. 따라서 매개식으로 표현한 경계조건은

$$x(0) = -1,\ x(L) = 1,\ y(0) = 0,\ y(L) = 0$$

이 된다. 이 조건을 (5.17)와 (5.18)에 대입하면, 다음 식들을 얻는다.

$$\begin{aligned} \lambda_* \sin\frac{B}{\lambda_*} - A &= -1, \\ \lambda_* \sin\frac{L+B}{\lambda_*} - A &= 1, \\ -\lambda_* \cos\frac{B}{\lambda_*} + C &= 0, \\ -\lambda_* \cos\frac{L+B}{\lambda_*} + C &= 0. \end{aligned}$$

이 연립방정식을 풀기 위해서 상수들을 다음과 같이 다시 정의하는 것이 편리하다.

$$A_* = \frac{A}{\lambda_*},\ B_* = \frac{B}{\lambda_*},\ C_* = \frac{C}{\lambda_*},\ L_* = \frac{L}{\lambda_*}.$$

그러면 위 연립방정식은 다음과 같이 바뀐다.

$$\sin B_* = A_* - \frac{L_*}{L}, \tag{5.19}$$

$$\sin(L_* + B_*) = A_* + \frac{L_*}{L}, \tag{5.20}$$

$$\cos B_* = C_*, \tag{5.21}$$

$$\cos(L_* + B_*) = C_*. \tag{5.22}$$

이제 이 연립방정식을 풀어보자. 식 (5.20)에서 (5.19)을 빼면

$$\sin(L_* + B_*) - \sin B_* = 2\,\frac{L_*}{L}$$

가 되어

$$\cos\left(\frac{L_*}{2} + B_*\right) \sin\frac{L_*}{2} = \frac{L_*}{L}$$

를 얻는다. 한편, (5.21)와 (5.22)을 더하면

$$\cos(L_* + B_*) + \cos B_* = 2\,C_*$$

가 되어

$$\cos\left(\frac{L_*}{2}+B_*\right)\cos\frac{L_*}{2}=C_*$$

를 얻는다. 위의 두 식을 나누면

$$\frac{\sin\frac{L_*}{2}}{\cos\frac{L_*}{2}}=\frac{L_*}{C_*L} \tag{5.23}$$

가 된다. 또, 싸인의 가법정리를 이용하면

$$\sin L_*=\sin((L_*+B_*)-B_*)=C_*(A_*+\frac{L_*}{L})-(A_*-\frac{L_*}{L})C_*=2\,C_*\,\frac{L_*}{L}$$

가 되어,

$$\sin\frac{L_*}{2}\cos\frac{L_*}{2}=C_*\,\frac{L_*}{L}$$

이 이 성립한다. 이 식과 식 (5.23)로 부터

$$\frac{2}{L_*}\sin\frac{L_*}{2}=\frac{2}{L},\quad \cos\frac{L_*}{2}=C_* \tag{5.24}$$

식들이 성립한다는 것을 알 수 있다. 즉, $2/L_*$는 방정식

$$x\sin\frac{1}{x}=\frac{2}{L} \tag{5.25}$$

의 해가 된다. 곡선의 길이 L은 2보다 크므로, 이 방정식은 항상 근을 갖는다. (그림 5.5 참고. L_*가 음수라는 것은 곧 알게 될 것이다.)

일단 방정식 (5.25)를 풀어서 L_*를 결정한 후에는, 다시 (5.19)과 (5.21)를 이용하면, (5.22)에서 각각

$$C_*\,\cos L_*-\left(A_*-\frac{L_*}{L}\right)\sin L_*=C_*$$

유도된다. $-1+\cos L_*=-2\sin^2\frac{L_*}{2}=-2(\frac{L_*}{L})^2$, $\sin L_*=2\sin\frac{L_*}{2}\cos\frac{L_*}{2}=$

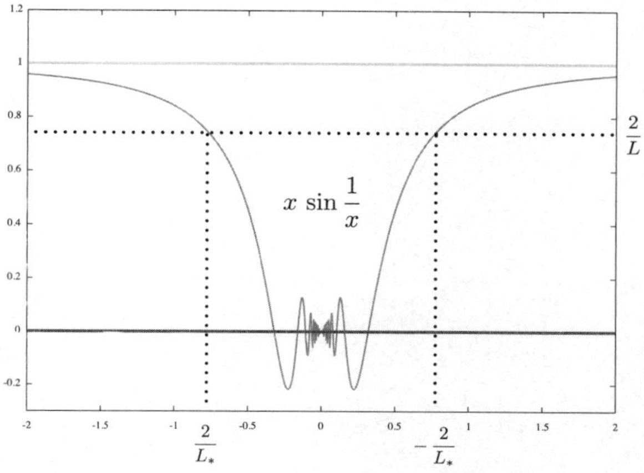

Figure 5.5: 방정식 $x\sin\frac{1}{x} = \frac{2}{L}$의 해 $x = \frac{2}{L_*}$

$\frac{2C_* L_*}{L}$이므로, 이 식을 정리하면

$$C_* \left(A_* - \frac{L_*}{L}\right) + \frac{L_*}{L} C_* = 0$$

이 되어, $A_* = 0$이라는 것을 알 수 있다. 또, $\sin B_* = -\sin\frac{L_*}{2}$, $\cos B_* = \cos\frac{L_*}{2}$ 이므로, $B_* = -\frac{L_*}{2}$로 잡아도 된다. 지금까지 계산한 것을 정리하면,

$$A_* = 0,\ B_* = -\frac{L_*}{2},\ C_* = \cos\frac{L_*}{2}.$$

이를 (5.17)와 (5.18)에 대입하면,

$$x(s) = \frac{L}{L_*} \sin\frac{L_*}{L}\left(s - \frac{L}{2}\right), \tag{5.26}$$

$$y(s) = \frac{L}{L_*} \cos\frac{L_*}{L}\left(s - \frac{L}{2}\right) - \frac{L}{L_*} \cos\frac{L_*}{2} \tag{5.27}$$

를 얻는다.

곡선의 길이 L이 주어지면 L_*는 식 $\frac{2}{L_*}\sin\frac{L_*}{2} = \frac{2}{L}$에 의하여 결정된다. 따라서 $\frac{L}{L_*}\cos\frac{L_*}{2} = \cot\frac{L_*}{2}$가 성립한다. (5.26)와 (5.27)에서

$$x^2 + \left(y - \cot\frac{L_*}{2}\right) = \left(\frac{L}{L_*}\right)^2$$

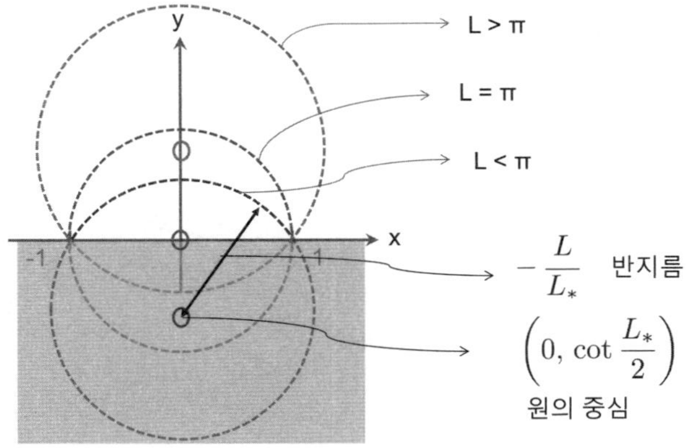

Figure 5.6: 넓이를 가장 크게 만드는 곡선에 대한 분석

를 얻게 되는데, 이는 (x, y)가 중심이 $(0, \cot\frac{L_*}{2})$이고, 반지름이 $-\frac{L}{L_*}$원 위에 있다는 것을 의미한다. 여기서 L_*가 음수임을 보여보자. A가 0이므로, (5.15)에서 $\lambda_* \dot{y}(0) = x(0)$이 성립한다는 것을 알 수 있는데, $\dot{y}(0) > 0$ 이고 $x(0) < 0$이므로, $\lambda_* < 0$ 임을 알 수 있다. 따라서 $L_* < 0$이 성립한다. 그림 5.5을 보면, $L = \pi$ 이면, $L_* = \pi$이고 따라서 원의 중심은 원점이며, $L < \pi$ 이면, $-2/L_* > 2/\pi$ 이어서, $\cot\frac{L_*}{2} < 0$, 즉 중심이 x-축 아래에 있고, $L > \pi$ 이면, 중심이 x-축 있다는 것을 알 수 있다.

결론적으로 넓이를 가장 크게 만드는 곡선은 그림 5.6와 같이 원의 호이다. 여기서 한 가지 눈여겨 볼 것은 $L > \pi$인 경우에는 구한 해가 함수의 그래프가 아니라는 점이다. 하지만 이러한 해가 얻어진 것은 곡선의 매개식을 이용했기 때문이다. 곡선을 매개식으로 나타내는 것이 유용한 이유가 이런 점 때문이다.

연습문제 5.5 *그림 5.7처럼 매달린 끈을 고려한다. 높이 y인 위치에 놓인 질량 m의 물체의 위치에너지는 mgy로 주어지고, 매달린 끈의 밀도가 ρ 라면 작은 길이 ds의 질량은 ρds로 주어지므로, 매달린 끈의 위치에너지는*

$$V_T = \int_0^1 g\, y \rho\, ds = \int_0^1 \rho\, g\, u(x) \sqrt{1 + (u'(x))^2}\, dx$$

로 주어진다. 끈의 밀도가 $\rho = 1$일 때, 끈의 길이가 L인 곡선 중 위치에너지가 가장 작은 매달린 끈의 모양을 구하라.

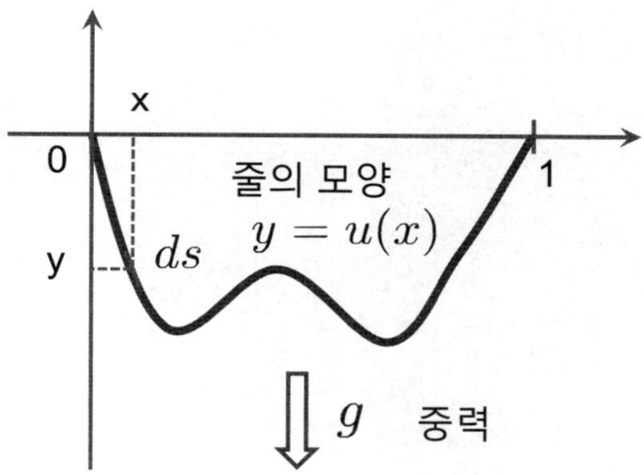

Figure 5.7: 매달린 끈

6

방정식의 근사해 구하기: 뉴턴의 방법

문제: 방정식 $f(x) = 0$의 근을 구하라.

이 장에서는 일반적인 방정식 $f(x) = 0$의 근을 구하는 방법에 대해서 알아본다. 2차 방정식은 간단한 근의 공식을 이용하여 근을 구할 수 있고, 3, 4차 방정식의 경우에도 아주 복잡하기는 해도 일반해를 구하는 근의 공식이 있다. 하지만 5차 방정식부터는 일반해를 구할 수 없다는 것은 증명된 사실이다. 뿐만 아니라, 제 5 장 (5.25)에서 나온 $x \sin \frac{1}{x} = \frac{2}{L}$와 같은 초월방정식은 일반해를 구하는 것이 불가능하다. 더 나아가, 앞 장 (5.12)에서 마주친 초월 연립방정식의 경우에는 더욱 그러하다.

방정식 $f(x) = 0$의 일반해를 구하지 못하더라도, 근의 근사값이라도 구할

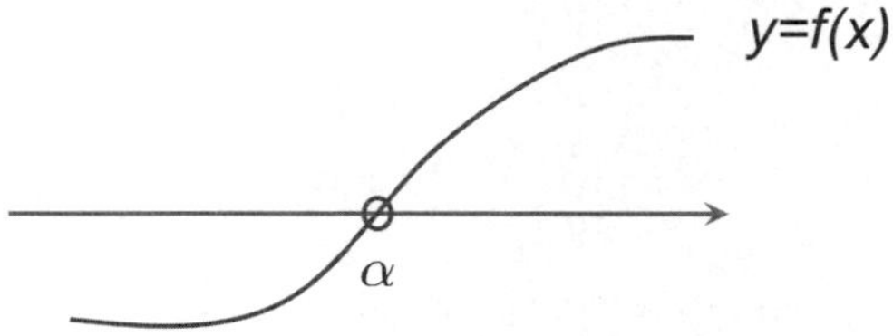

Figure 6.1: 방정식의 근

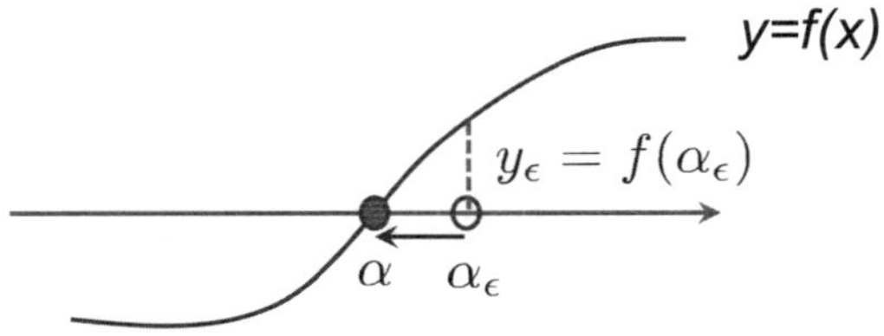

Figure 6.2: 근의 섭동

필요성은 곳곳에서 나타나므로, 근의 근사값을 구하는 것은 매우 중요하다. 이 장에서는 근의 근사값을 구하는 수치적인 방법 중 가장 간단하고 널리 쓰이는 방법인 뉴턴의 방법에 대하여 다루어 본다.

6.1 근의 섭동과 뉴턴 방법

그림 6.1와 같이 방정식 $f(x) = 0$의 근 α_0를 구하는 문제를 생각하자. 근 α_0와 아주 가까운 점 α_ϵ에서 출발하여 근을 찾아가는 방법을 생각해 보자. 즉 그림 6.1처럼 α_ϵ를 변화시켜서 근 α_0에 가까이 가는 방법을 생각한다. 근과 아주 가까운 점 α_ϵ을 근의 섭동이라고 불러도 좋을 것이다.

테일러 전개에서 나오는 일차근사식을 이용하면,

$$0 = f(\alpha) = f(\alpha_\epsilon + \alpha - \alpha_\epsilon) = f(\alpha_\epsilon) + f'(\alpha_\epsilon)(\alpha - \alpha_\epsilon) + o(|\alpha - \alpha_\epsilon|)$$

이 성립하므로, 다음 식이 성립한다.

$$\alpha \approx \alpha_\epsilon - \frac{f(\alpha_\epsilon)}{f'(\alpha_\epsilon)}. \tag{6.1}$$

즉, α_ϵ를 $-f(\alpha_\epsilon)/f'(\alpha_\epsilon)$ 만큼 변화시키면 근에 가까워진다는 것이다. 이 방법을 반복하여 근의 근사값을 구하는 방법을 뉴턴의 방법이라고 한다.

뉴턴의 방법은 초깃값 α_0에서 시작하여, 근과 가까이 가는 점들 $\alpha_1, \alpha_2, \cdots$

를 차례로 찾아가는 방법인데, α_n에서 α_{n+1}을 찾는 방법은 (6.1)을 따른다. 즉,

$$\alpha_{n+1} = \alpha_n - \frac{f(\alpha_n)}{f'(\alpha_n)}. \tag{6.2}$$

이렇게 정의한 α_{n+1}은 $x = \alpha_n$에서 함수 $y = f(x)$에 접하는 접선이 x-축과 만나는 점과 같다. (그림 참조). 그러므로, 함수의 모양이 좋은 경우에는 이렇게 정의한 수열 $\alpha_0, \alpha_1, \alpha_2, \cdots$가 구하는 근 α로 수렴한다는 것을 짐작할 수 있고, 필요한 만큼 가까이 있는 α_n을 택하면 그것이 구하는 근의 근사값이 된다.

뉴턴의 방법을 정리하면 다음과 같다.

[**뉴턴의 방법**].

(i) 초깃값 α_0를 선택한다.

(ii) 반복규칙 (6.2)을 이용하여 $\alpha_1, \alpha_2, \ldots, \alpha_N$을 구한다.

(iii) α_N이 주어진 오차범위 안에 들어가면 반복을 중단한다. 이 α_N이 구하는 근의 근사값이다.

예제 6.1 *뉴턴의 방법을 이용하여 방정식 $x^2 - 2 = 0$의 근을 구해보자. 이 경우 반복식 (6.2)은*

$$\alpha_{n+1} = \alpha_n - \frac{f(\alpha_n)}{f'(\alpha_n)} = \frac{1}{2}\left(\alpha_n + \frac{2}{\alpha_n}\right)$$

로 주어진다. 초깃값을 $\alpha_0 = 1$로 잡고 반복식을 적용하면,

$$\begin{aligned}
\alpha_1 &= \frac{3}{2} = 1.5 \\
\alpha_2 &= \frac{1}{2}\left(\frac{3}{2} + \frac{4}{3}\right) = \frac{17}{12} = 1.4166666666 \\
\alpha_3 &= \frac{1}{2}\left(\frac{17}{12} + \frac{24}{17}\right) = \frac{577}{408} = 1.41421568627 \\
&\vdots
\end{aligned}$$

를 얻는다. 이렇게 구한 α_n은 수렴한다. 실제로 각 과정의 오차를 보면 $|\alpha_2 - \alpha_1| \approx 0.085$, $|\alpha_3 - \alpha_2| \approx 0.0024$가 되고, α_4도 구해 보면, $|\alpha_4 - \alpha_3| \approx 0.0000021$

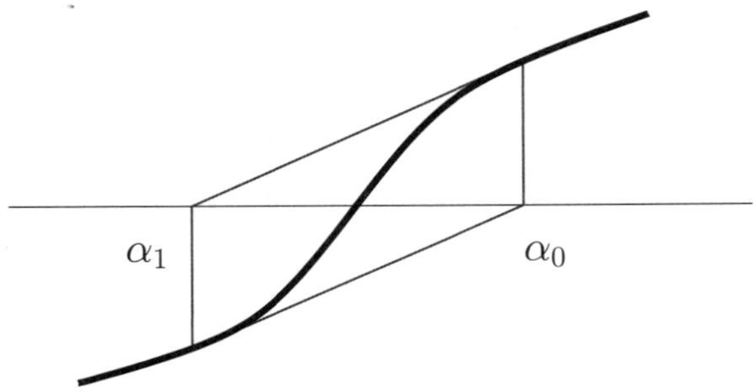

Figure 6.3: 뉴턴방법이 수렴하지 않는 특수한 상황

이 된다는 것을 알 수 있다. 이 오차들이 빨리 작아지므로 α_n이 수렴한다는 것을 알 수 있다. 따라서 구하는 근은 대략 1.41, 혹은 1.41421, 더 계산하면 1.41421356237가 된다. 이들 중에서 선택할 근사값은 하용된 오차범위에 따라 결정하면 된다. 즉 오차범위가 10^{-2}로 주어지면 처음 근사값을 택하면 되고, 오차범위가 10^{-11}이라면 세번째 것을 택하면 된다. 참고로 $\sqrt{2}$가 $x^2 - 2 = 0$의 근이므로 $\sqrt{2} \approx 1.41421356237$인 것을 알 수 있다.

위 예제에서 본대로 뉴턴의 방법을 적용하는 것은 간단하다. 하지만 여러가지 의문이 생긴다. 가장 먼저 생기는 의문은 위와 같은 반복을 통해 얻은 수열 $\alpha_0, \alpha_1, \alpha_2, \cdots$가 항상 구하는 근 α로 가까이 간다는 것을 보장할 수 있을까이다. 불행인지 다행인지 일반적으로는 이 수열이 방정식의 근으로 수렴하지 않는다. 아주 특수한 예이지만, 그림 6.3에서 처럼 반복법 (6.2)으로 구한 수열이

$$\alpha_0 = \alpha_2 = \alpha_4 = \cdots, \quad \alpha_1 = \alpha_3 = \alpha_5 = \cdots \tag{6.3}$$

을 만족하는 경우도 있다. 이러한 경우에는 분명히 근으로 수렴하지 않는다.

그러면 수열 $\{\alpha_n\}$이 구하는 근으로 수렴하도록 하려면 어떻게 해야할까? 혹은 수렴하는지를 판단하려면 어떻게 해야 할까? 여기서 뉴턴의 방법을 적용할 때 주의할 점을 몇 가지 정리한다.

(i) 뉴턴 방법의 수렴성은 초깃값의 선택에 크게 좌우된다. 그러므로 초깃값을 구하는 근에 가능한 한 가까운 값으로 잡는 것이 매우 중요하다. 예를 들어 예제 6.1에서는 $x = 1$이면 $x^2 - 2 < 0$이고 $x = 2$이면 $x^2 - 2 > 0$

이므로 1과 2 의 적당한 값을 초깃값으로 택하면 될 것이다.

(ii) 수열 α_n이 수렴한다는 것을 어떻게 판단할 수 있을까? 특히 근 α를 모르는 상태에서. 수열의 수렴에 대해서 배울 때 나온 코시(Cauchy) 수열의 개념을 이용하면 된다. 어떤 실수 수열이 수렴한다는 것과 그것이 코시수열이라는 것은 동치이므로 ([1] 참고), $\{\alpha_n\}$이 코시수열이라는 것을 알면 된다. 예를 들어, 어떤 1보다 작은 실수 r이 있어서, 모든 n에 대해 조건

$$|\alpha_{n+1} - \alpha_n| \leq r^n \tag{6.4}$$

이 만족된다면, $\{\alpha_n\}$이 코시수열이다.

(iii) 만약 α_n이 수렴하지 않으면 다른 초기값을 선택하여 다시 계산하여야 한다.

예제 6.2 *제 5 장 (5.25)에서 등장한 방정식*

$$x \sin \frac{1}{x} = \frac{2}{L}$$

의 근을 $L = 3$일 때 구해 보자. 이 문제에 뉴턴의 방법을 적용하기 위해서는 초깃값을 잘 선택하는 것이 아주 중요하다.

연습문제 6.1 *방정식 $x^3 + 3x^2 - 7x + 1 = 0$의 가장 큰 근의 근사값을 10^{-4} 오차범위 내에서 구하라.*

6.2 뉴턴 방법의 수렴성

뉴턴의 방법을 일차식 $f(x) = ax + b$에 적용시켜 보자. 이 경우에는 초깃값 α_0을 무엇으로 선택하던 간에

$$\alpha_1 = \alpha_0 - \frac{f(\alpha_0)}{f'(\alpha_0)} = \alpha_0 - \frac{a\alpha_0 + b}{a} = -\frac{b}{a}$$

가 되므로, 반복을 한 번만 하면 바로 정확한 해가 된다.

이 장에서는 이차식에 뉴턴의 방법을 적용하여 만들어지는 수열 $\{\alpha_n\}$은 $f'(\alpha_0) = 0$이 되는 초깃값을 제외하고는 항상 이차식의 두 근 중 하나로 수렴한다는 것을 보이기로 한다. 이러한 좋은 성질을 갖게 하는 이차식의 특징은 그것이 아래로 볼록(convex)하다는 점이다.

이차식이

$$f(x) = (x-a)(x-b), \quad a < b$$

로 주어진다고 하자. 점 $x = \frac{a+b}{2}$에서 $f'(x) = 0$이므로, 초깃값 α_0는 $\alpha_0 \neq \frac{a+b}{2}$를 만족해야 한다. 여기서는 $\alpha_0 > \frac{a+b}{2}$이면, α_n은 b로 수렴한다는 것을 보이기로 한다. $\alpha_0 < \frac{a+b}{2}$이면, α_n은 a로 수렴하는데 이것은 같은 방법으로 보일 수 있다.

이 경우 뉴턴의 반복식은

$$\alpha_{n+1} = \alpha_n - \frac{f(\alpha_n)}{f'(\alpha_n)} = \alpha_n - \frac{(\alpha_n - a)(\alpha_n - b)}{2\alpha_n - (a+b)}$$

가 된다. 이 식의 양변에서 b를 빼면

$$\alpha_{n+1} - b = \alpha_n - b - \frac{(\alpha_n - a)(\alpha_n - b)}{2\alpha_n - (a+b)} = \frac{(\alpha_n - b)^2}{2(\alpha_n - b) + (b-a)} \tag{6.5}$$

가 된다. 특별히 $n = 0$이면,

$$\alpha_1 - b = \frac{(\alpha_0 - b)^2}{2(\alpha_0 - b) + (b-a)}$$

가 성립하는데, $\alpha_0 \neq \frac{a+b}{2}$가 성립하므로, 오른쪽 항의 분모가 양수가 되어 $\alpha_1 \geq b$가 성립한다는 것을 알 수 있다. 다시 식 (6.5)를 이용하면, $n = 1, 2, \ldots$에 대하여 $\alpha_n \geq b$가 성립하고, 또 $\alpha_n > b$라면

$$\frac{\alpha_{n+1} - b}{\alpha_n - b} = \frac{(\alpha_n - b)}{2(\alpha_n - b) + (b-a)} < \frac{1}{2}$$

이 성립한다. 이 부등식을 반복해서 적용하면

$$\alpha_{n+1} - b \le \frac{1}{2^n}(\alpha_1 - b)$$

가 성립하여 α_n이 b로 2^{-n} 정도의 비율로 아주 빨리 수렴한다는 것을 알 수 있다.

연습문제 6.2 *삼차식 $x^3 + ax^2 + bx + c = 0$이 서로 다른 세 개의 실근 $\alpha < \beta < \gamma$을 가진다고 가정하고, 이 함수가 $x = \lambda_1$에서 극댓값을, λ_2에서 극솟값을 갖는다고 하자. $\alpha_0 > \lambda_2$이면, 수열 α_n은 γ로 수렴함을 증명하라.*

연습문제 6.3 *초깃값을 잘 선택하여 (6.1)의 가운데 근의 근사값을 10^{-4} 오차 범위 내에서 구하라.*

6.3 연립방정식을 위한 뉴턴의 방법

지금까지 식이 하나만 있는 방정식의 근사해를 구하는 뉴턴의 방법에 대해서 알아보았다. 이제 뉴턴의 방법을 연립방정식의 근사해를 구하는 문제로 확장해 보자. 뉴턴의 방법은 식이 여러 개 있는 연립방정식에 적용할 수 있지만 여기서는 식이 두 개 있는 2원 방정식만을 다루기로 한다. 즉, 연립방정식

$$\begin{cases} f_1(x_1, x_2) = 0, \\ f_2(x_1, x_2) = 0 \end{cases} \tag{6.6}$$

을 다룬다.

$x_1 = \alpha$, $x_2 = \beta$가 이 연립방정식의 근이라 하자. 이 근을 $\begin{bmatrix} \alpha \\ \beta \end{bmatrix}$라 표시하고, 이 근으로 수렴하는 점열(점들의 수열) $\begin{bmatrix} \alpha_n \\ \beta_n \end{bmatrix}$을 구해야 한다. 이 점열을 구하는 방법을 고안하는데 식 (6.2)를 다시 살펴보는 것이 도움이 된다. 식

$$\alpha_{n+1} = \alpha_n - \frac{f(\alpha_n)}{f'(\alpha_n)}$$

은

$$\alpha_n - \alpha_{n+1} = f'(\alpha_n)^{-1} f(\alpha_n)$$

으로 다시 쓸 수 있다. 이 식을 2차원으로 확장하려면, α_n은 $\begin{bmatrix} \alpha_n \\ \beta_n \end{bmatrix}$으로, $f(\alpha_n)$ 은 $\begin{bmatrix} f_1(\alpha_n, \beta_n) \\ f_2(\alpha_n, \beta_n) \end{bmatrix}$으로 대치하면 될 것이라는 것을 어렵지 않게 짐작할 수 있을 것이다. 그러면 $f'(\alpha_n)^{-1}$은 무엇으로 대치할 수 있을까? 미적분학에서 배운 야코비행렬(Jacobian matrix)을 이용하면 된다.

벡터함수 F를

$$F(x_1, x_2) = \begin{bmatrix} f_1(x_1, x_2) \\ f_2(x_1, x_2)) \end{bmatrix}$$

라 두면, F의 야코비행렬은

$$DF(x_1, x_2) = \begin{bmatrix} \frac{\partial f_1}{\partial x_1}(x_1, x_2) & \frac{\partial f_1}{\partial x_2}(x_1, x_2) \\ \frac{\partial f_2}{\partial x_1}(x_1, x_2) & \frac{\partial f_2}{\partial x_2}(x_1, x_2) \end{bmatrix}$$

로 정의한다. 이제 $f'(\alpha_n)^{-1}$의 위치에 $DF(\alpha_n, \beta_n)^{-1}$을 배치하면, 뉴턴의 반복식은

$$\begin{bmatrix} \alpha_n \\ \beta_n \end{bmatrix} - \begin{bmatrix} \alpha_{n+1} \\ \beta_{n+1} \end{bmatrix} = DF(\alpha_n, \beta_n)^{-1} F(\alpha_n, \beta_n)$$

이 된다. 편의상으로 $\mathbf{b}_n = \begin{bmatrix} \alpha_n \\ \beta_n \end{bmatrix}$라 두면, 위 반복식은

$$\mathbf{b}_n - \mathbf{b}_{n+1} = DF(\mathbf{b}_n)^{-1} F(\mathbf{b}_n) \tag{6.7}$$

으로 쓸 수 있다. 이 식을 이용하여 점열 $\{\mathbf{b}_n\}$을 구하면, 이 점열을 많은 경우 구하는 연립방정식의 근으로 수렴한다.

식 (6.7)을 이용하려면 $DF(\mathbf{b}_n)$의 역행렬 $DF(\mathbf{b}_n)^{-1}$을 구해야 한다. 여기서 다룬 $DF(\mathbf{b}_n)$는 2×2 행렬이어서 역행렬을 구하는 것이 쉬운 일이지만,

일반적으로 식의 수가 n개이면 $DF(\mathbf{b}_n)$는 $n \times n$ 행렬이 되어 그 역행렬을 구하는 것이 쉬운 일이 아니다. 그래서 보통

$$DF(\mathbf{b}_n)(\mathbf{b}_n - \mathbf{b}_{n+1}) = F(\mathbf{b}_n)$$

을 풀어 $\mathbf{b}_{n+1}$을 구한다. 즉

$$DF(\mathbf{b}_n)(\mathbf{c}_n) = F(\mathbf{b}_n) \tag{6.8}$$

을 풀어 $\mathbf{c}_n$을 구한 후,

$$\mathbf{b}_{n+1} = \mathbf{b}_n - \mathbf{c}_n \tag{6.9}$$

을 이용하여 $\mathbf{b}_{n+1}$을 구한다.

예제 6.3 *연립방정식*

$$\begin{cases} 2x_1 - x_2 = -3, \\ x_1 - 2x_2 = 0 \end{cases}$$

의 해를 뉴턴의 방법을 이용해 구해보자. $F(x_1, x_2) = (2x_1 - x_2 + 3, x_1 - 2x_2)$ *이므로,*

$$DF(x_1, x_2) = \begin{bmatrix} 2 & -1 \\ 1 & -2 \end{bmatrix}$$

이므로, 반복식 (6.7)은

$$\begin{bmatrix} \alpha_n \\ \beta_n \end{bmatrix} - \begin{bmatrix} \alpha_{n+1} \\ \beta_{n+1} \end{bmatrix} = -\frac{1}{3} \begin{bmatrix} -2 & 1 \\ -1 & 2 \end{bmatrix} \begin{bmatrix} 2\alpha_n - \beta_n + 3 \\ \alpha_n - 2\beta_n \end{bmatrix}$$

가 된다. 초깃값을 $\alpha_0 = 0$, $\beta_0 = 0$*로 잡으면,*

$$\begin{bmatrix} \alpha_1 \\ \beta_1 \end{bmatrix} = \begin{bmatrix} -2 \\ -1 \end{bmatrix} = \begin{bmatrix} \alpha_2 \\ \beta_2 \end{bmatrix} = \cdots.$$

연습문제 6.4 *비선형 연립방정식*

$$\begin{cases} x_1 - 3x_2 + e^{x_1} = 1, \\ 2x_1 - x_2 + e^{2x_2} = 0 \end{cases}$$

의 해의 근사값을 뉴턴의 방법을 이용해 구한다.

(i) *반복식을 기술하라.*

(ii) *초깃값* $\alpha_0 = 0$, $\beta_0 = 0$*에서 출발하여* α_3, β_3*을 구하라.*

(iii) *(ii)에서 구한 근사값을 연립방정식에 대입하여, 방정식을 근사적으로 만족하는지 확인하라.*

연습문제 6.5 *점* $A = (0, 0)$*과 점* $B = (1, -1)$*을 연결하는 최속강하선을 구하기 위해서는 싸이클로이드의* h*를 결정하면 되는데, 연립방정식 (5.12)나 방정식 (5.13)을 풀면 된다. 이 방정식들의 근사해를 뉴턴의 방법을 이용해 구하고, 최속강하선을 그려라.*

7

근사 곡선 구하기-점근적 해석

문제: x가 무한대로 커져갈 때 곡선 $y + y^5 = x$의 점근적 행동을 나타내는 양함수 $y = v(x)$를 구하라.

곡선식 $y+y^5=x$는 음함수의 형태로 주어져 있다. 이 장에서 다룰 문제는 이 식을 $x \to \infty$일 때 양함수 $y = v(x)$의 형태로 나타내는 것이다. 물론 이 방정식을 y에 대해서 풀 수 있으면 풀면 되지만 일반적으로 풀 수 없다는 것이 어려운 점이다. 이 장에서는 $v(x)$의 근사함수를 구하는 점근적 방법에 대해서 다룬다.

예를 들어 쌍곡선 $x^2 - y^2 = 1$은 x가 아주 클 때에는 직선 $y = x$에 아주 가까워지는데, 직선 $y = x$를 쌍곡선의 점근식이라 한다. 이 장에서 다루는 내용은 다르게 얘기하자면 일반적인 곡선의 점근식을 구하는 방법이다.

7.1 무한대에서의 점근식

먼저 많이 쓰이는 표현 하나를 설명한다. 두 개의 함수 $f(x)$, $g(x)$가

$$\lim_{x \to a} \frac{f(x)}{g(x)} = 0$$

을 만족할 때,

$$x = a \text{ 근처에서 } f(x) = o(g(x))$$

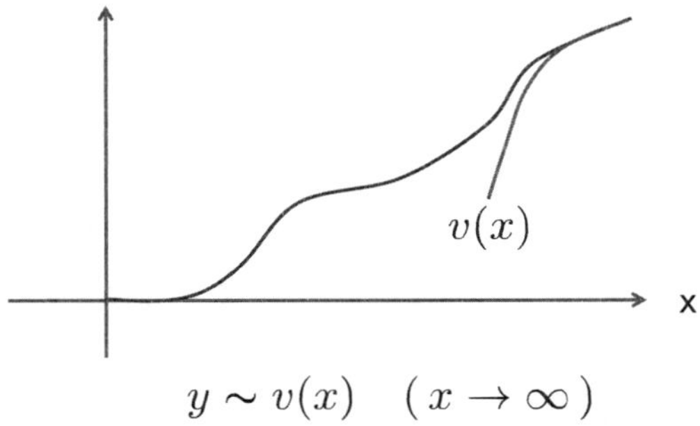

Figure 7.1: x가 매우 커질 때 곡선의 점근적 형태

라 표현하고, '$f(x)$는 little o $g(x)$'로 읽는다. 영어로는

$$f(x) = o(g(x)) \text{ as } x \to a$$

라 표현된다. 여기서 a는 실수이거나 $\pm\infty$이다. 반면, 어떤 상수 C가 있어서 $x = a$근처의 모든 x에 대해

$$|f(x)| \leq Cg(x)$$

가 성립하면,

$$x = a \text{ 근처에서 } f(x) = O(g(x))$$

라 표현하고, '$f(x)$는 big O $g(x)$'로 읽는다.(문헌 [3] 참조)

이제 $x \to \infty$일 때, $y + y^5 = x$의 점근식을 구해보자. $x \to \infty$이면 $y + y^5 \to \infty$이고, 따라서 $y \to \infty$가 성립한다. 그런데 y 가 아주 클 때 y와 y^5을 비교하면 y^5이 훨씬 크므로 $y \to \infty$일 때 $y + y^5$의 행동을 결정하는 항은 y^5이다. 그러므로 $y^5 \approx x$가 성립해야 한다. 좀 더 구체적으로 $y \approx x$가 성립하지 않는다는 것을 보이기로 하자. 이것이 성립한다면,

$$y(x) = x + y_1(x)$$

로 표현할 수 있는데, $y_1(x)$는 x에 비해 상대적으로 작으므로

$$x = a \text{ 근처에서 } y_1(x) = o(x)$$

를 만족해야 한다. 즉,

$$\lim_{x\to\infty} \frac{y_1(x)}{x} = 0$$

이 성립한다. 이 식을 $y + y^5 = x$에 대입하면,

$$(x + y_1) + (x + y_1)^5 = x$$

가 성립하는데, 식의 양변을 x로 나누면,

$$(1 + \frac{y_1}{x}) + \frac{(x + y_1)^5}{x} = 1$$

이 성립한다. 이제 x를 무한대로 보내면,

$$\lim_{x\to\infty} \frac{(x + y_1)^5}{x} = 0$$

이 성립해야 한다. 하지만 이 식은

$$\lim_{x\to\infty} x^4 \left(1 + \frac{y_1}{x}\right)^5 = 0$$

을 의미하므로 성립할 수 없다. 즉 $y \approx x$는 성립하지 않는다.

$x \to \infty$일 때 $y^5 \approx x$가 성립하므로,

$$y(x) = x^{\frac{1}{5}} + y_1(x), \quad y_1(x) = o\left(x^{\frac{1}{5}}\right)$$

이 성립한다. 달리 표현하면,

$$y(x) = x^{\frac{1}{5}}\left(1 + u_1(x)\right), \quad u_1(x) = o(1)$$

이 성립해야 하는데, 이 표현식에서 함수 $u_1(x)$를 결정해야 한다. 이 식을 $y + y^5 = x$에 대입하면,

$$x^{\frac{1}{5}}(1+u_1) + x(1+u_1)^5 = x,$$

즉,

$$x^{-\frac{4}{5}}(1+u_1) + (1+u_1)^5 = 1$$

을 얻는다. 이항전개식을 이용해 이 식을 정리하면

$$x^{-\frac{4}{5}} + o(x^{-\frac{4}{5}}) + (1 + 5u_1 + o(u_1)) = 1$$

을 얻게 되는데,

$$u_1(x) = -\frac{1}{5}x^{-\frac{4}{5}} + o(x^{-\frac{4}{5}})$$

으로 두면 이 식이 만족된다. 즉,

$$y(x) = x^{\frac{1}{5}}\left(1 - \frac{1}{5}x^{-\frac{4}{5}} + o(x^{-\frac{4}{5}})\right)$$

이 성립한다.

보다 정교한 점근식을 구하려면,

$$y(x) = x^{\frac{1}{5}}\left(1 - \frac{1}{5}x^{-\frac{4}{5}} + u_2(x)\right) \quad (\, u_2(x) = o(x^{-\frac{4}{5}})\,)$$

이라 두고 u_2를 정하면 된다. 즉, 이 식을 $y + y^5 = x$에 대입하면

$$x^{-\frac{4}{5}}\left(1 - \frac{1}{5}x^{-\frac{4}{5}} + u_2\right) + \left(1 - \frac{1}{5}x^{-\frac{4}{5}} + u_2\right)^5 = 1$$

얻게 되는데, 이 식을 전개해 u_2를 정하면 $u_2(x) \approx -\frac{1}{25}x^{-\frac{8}{5}}$라는 것을 알 수 있다. 그러므로,

$$y(x) = x^{\frac{1}{5}}\left(1 - \frac{1}{5}x^{-\frac{4}{5}} - \frac{1}{25}x^{-\frac{8}{5}} + o(x^{-\frac{8}{5}})\right)$$

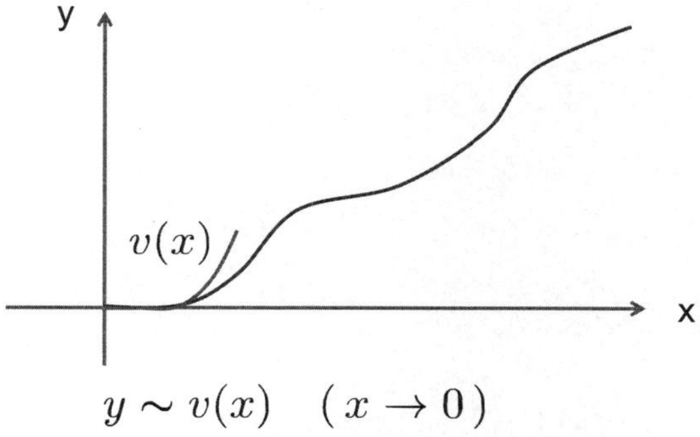

Figure 7.2: x가 매우 작을 때 곡선의 점근적 형태

이 성립한다. 더 많은 항을 구하려면 위와 같은 과정을 반복하면 된다.

7.2 0 에서의 점근식

이 절에서는 $x = 0$ 근처에서 곡선 $y + y^5 = x$의 점근식을 구해보자. $x \to 0$ 이면, $y+y^5 \to 0$이 성립한다. 그런데 $y+y^5 = y(1+y^4)$이고 $1+y^4 \geq 1$이므로, $y \to 0$이 성립한다. 이 경우 y와 y^5의 크기를 비교하면 y가 훨씬 크므로 $y = 0$ 근처에서의 $y + y^5$의 행동은 y가 결정한다. 그러므로 $y \approx x$가 성립한다.

연습문제 7.1 *$y^5 \approx x$가 성립하지 않음을 보여라.*

$y(x)$의 점근식을 구하기 위해

$$y(x) = x\,(1 + u_1(x)) \quad (\,u_1(x) = o(1)\,)$$

라 두자. 이 식을 $y + y^5 = x$에 대입하면,

$$x\,(1 + u_1(x)) + x^5\,(1 + u_1(x))^5 = x$$

가 되어, $u_1(x) \approx -x^4$이 되어야 한다는 것을 알 수 있다. 즉

$$y(x) = x\left(1 - x^4 + o(|x|^4)\right) \quad (\,x \to 0\,)$$

가 성립한다. 더 정교한 점근식을 구하기 위해

$$y(x) = x\left(1 - x^4 + u_2(x)\right)$$

라 두고 u_2를 정하면 $u_2(x) \approx 5\,x^8$이 되어야 한다는 것을 알 수 있다. 그러므로, 구하는 점근식은

$$y(x) = x\left(1 - x^4 + 5\,x^8 + o(|x|^8)\right) \quad (\,x \to 0\,)$$

로 주어진다는 것을 알 수 있다. 물론 이러한 과정을 반복하여 더 정교한 점근식을 구할 수 있다.

연습문제 7.2 *곡선* $y + y^6 = x$*는 점* $(0, 0)$*을 지날 수도 있고, 점* $(0, -1)$*을 지날 수도 있다. 각각의 점 근처에서* $x \to 0$*일 때 곡선의 점근식* $y = y(x)$*의 처음 두 항을 구하라.*

연습문제 7.3 $x \to 0$*일 때와* $x \to \infty$*일 때, 곡선*

$$y\,e^y = x$$

의 점근식 $y = y(x)$*의 처음 세 항을 각각 구하라.* $x \to 0$*일 때에는 점근식이 각각 두 가지가 생길 수 있다는 점에 주의해서 모든 점근식을 구하라.*

8

금침의 온도-편미분방정식

문제: 금침의 온도를 구하라.

그림 8.1과 같이 금침을 알코올 램프같은 것으로 달구다가 램프를 치우면 금침의 온도가 내려가기 시작한다. 이 장에서 다룰 문제는 시간에 따른 온도의 변화를 구하는 것이다.

8.1 방정식의 유도-수학적 모델링

시간에 따른 금침의 온도 변화를 결정하는 물리적 현상은 열전도(heat conduction) 현상인데, 이 절에서는 열전도 현상을 나타내는 열방정식을 유도한다. 일반적으로 자연현상 혹은 공학의 문제를 수학문제로 바꾸는 작업을 수학적 모델링이라 부르며, 최근에 들어 수학의 응용성이 강조되면서, 이 작업은 점점 더 중요해지고 있다. 특히 수학을 산업현장에 직접적으로 응용하기 위해서는 반드시 수학적 모델링의 과정을 거쳐야 한다는 것은 자명하다. 어떤 현상을 수학적으로 모델링하기 위해서는 그 현상을 지배하는 자연 법칙을 알아야 한다. 여기서 다룰 열전도 현상을 지배하는 자연법칙은 푸리에의 법칙을 따른다고 가정한다.

푸리에 법칙 열은 온도차가 가장 크게 떨어지는 방향으로 전달된다.

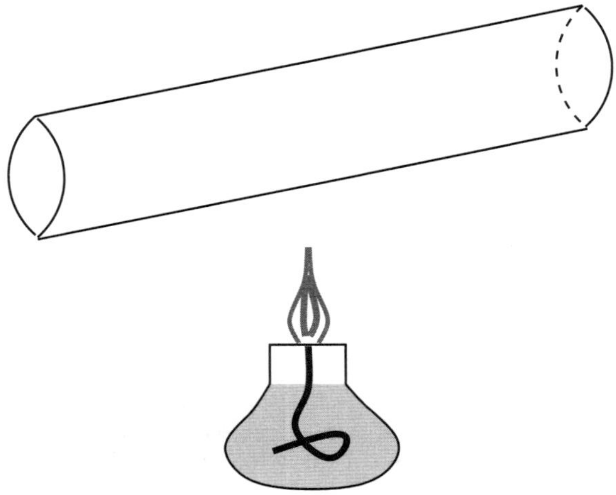

Figure 8.1: 열을 가한 금침의 온도 분포문제

Ω를 3차원 유계영역이라 하자 (여기서의 논의는 2차원 혹은 1차원 영역에서도 유효하다). $\mathbf{q}(\mathbf{x},t)$를 공간의 점 $\mathbf{x}$와 시간 t에서의 열속벡터(heat flux vector: 단위면적당 단위시간당 열전달양과 방향을 나타내는 벡터)라 하자. 또 Ω가 예를 들어, 순도 100%의 구리등 균질의 물질로 이루어져 있다고 가정하자. 함수 $u(\mathbf{x},t)$를 점 $\mathbf{x}$, 시간 t에서의 온도를 나타내는 함수라고 하면, 온도차가 가장 크게 떨어뜨리는 방향, 즉 함수값을 가장 빨리 작게 만드는 방향은 $-\nabla u$ 방향이다 (여기서 ∇u는 u의 $\mathbf{x}$에 대한 그레디언트를 나타낸다). 열은 온도를 가장 빨리 떨어뜨리는 방향으로 전도된다는 법칙을 식으로 표현하면

$$\mathbf{q}(\mathbf{x},t) = -\kappa\nabla u(\mathbf{x},t) \tag{8.1}$$

가 된다. 여기서 κ는 열전도율(heat conductivity)라 불리는 상수이다. (Ω가 균질의 물질로 이루어지지 않았다면, κ는 $\mathbf{x}$에 의존하는 함수가 된다.)

영역 Ω에 포함되는 임의의 영역 V를 설정하고 그 경계를 ∂V라 하자. 그러면, 연역 V에 단위시간당 축척되는 열량은 내부의 열원(heat source)에 의한 것과 경계 ∂V를 통하여 전달되는 열(heat flux)의 합이다. 열원이 시간에 따라 변화하지 않는다고 가정하고 열원을 함수 $g(\mathbf{x})$로 표시하면, 영역 V 내에서

단위시간당 축적되는 총 열량은

$$\iiint_V g(\mathbf{x})d\mathbf{x} + \iint_{\partial V} \mathbf{q}\cdot(-\mathbf{n})dS$$

가 된다. 여기서 $\mathbf{n}$은 표면 ∂V에 수직이고 V의 바깥 방향을 향하는 단위벡터이다. 위에서 첫번째 적분은 내부 열원에 $g(\mathbf{x})$로 인해 축적되는 단위시간당 열량을 나타내고, 두번째 적분은 경계 ∂V를 통해 V 밖으로 부터 단위시간당 유입되는 열량을 나타낸다. 벡터장 $\mathbf{F} = (f_1, f_2, f_3)$의 발산을 $\nabla\cdot\mathbf{F}$, 즉

$$\nabla\cdot\mathbf{F} = \frac{\partial f_1}{\partial x_1} + \frac{\partial f_2}{\partial x_2} + \frac{\partial f_3}{\partial x_3}$$

으로 나타내자. 관계식 (8.1)과 일반수학에서 배운 발산정리에 의하여

$$\iint_{\partial V} \mathbf{q}\cdot(-\mathbf{n})dS = \iint_{\partial V} \kappa\nabla u\cdot\mathbf{n}dS = \iiint_V \nabla\cdot(\kappa\nabla u)d\mathbf{x}$$

가 성립하므로, 영역 V 내에서 단위시간당 축적되는 열량은

$$\iiint_V [g(\mathbf{x}) + \nabla\cdot(\kappa\nabla u)]d\mathbf{x}$$

가 된다. 이 열량이 V내의 온도를 변화시키는 데, 비열(specific heat) c와 밀도 ρ를 사용하면

$$\iiint_V c(\mathbf{x},t)\,\rho(\mathbf{x},t)\,\frac{\partial u}{\partial t}(\mathbf{x},t)d\mathbf{x} = \iiint_V [g(\mathbf{x}) + \nabla\cdot(\kappa\nabla u)]d\mathbf{x}$$

가 성립해야 한다. 따라서 정리하면

$$\iiint_V \left[c\,\rho\,\frac{\partial u}{\partial t}(\mathbf{x},t) - g(\mathbf{x}) - \nabla\cdot(\kappa\nabla u)\right]d\mathbf{x} = 0$$

이 되는데, 이 식이 임의의 영역 V에서 성립하려면

$$c\,\rho\,\frac{\partial u}{\partial t}(\mathbf{x},t) = g(\mathbf{x}) + \nabla\cdot(\kappa\nabla u) \tag{8.2}$$

가 성립해야 한다. 이 방정식을 열방정식(heat equation)이라 부르는데, 이 방정식을 풀면 영역 Ω의 점 $\mathbf{x}$와 시점 t에서의 온도 $u(\mathbf{x}, t)$를 구할 수 있다. 열방정식은 앞에서 배운 상미분방정식과 달리 편도함수가 포함되어 있는 방정식인데, 이렇게 편도함수에 대한 미분방정식을 편미분방정식이라 한다.

만약 내부의 열원이 없다면 $g = 0$이 되어 미분방정식은

$$c\,\rho\,\frac{\partial u}{\partial t}(\mathbf{x}, t) = \nabla \cdot (\kappa \nabla u)$$

의 형태를 띠게 된다. 또 c, ρ, κ가 상수라면, 방정식은

$$\frac{\partial u}{\partial t}(\mathbf{x}, t) = D\,\nabla \cdot (\nabla u) \quad (D = \frac{\kappa}{c\rho})$$

가 된다. 우리는 D를 열확산계수(diffusive coefficient)라고 부른다.

이차원에서 $\nabla \cdot (\nabla u)$를 계산하면

$$\nabla \cdot (\nabla u) = \nabla \cdot (\frac{\partial u}{\partial x}, \frac{\partial u}{\partial y}) = \frac{\partial^2 u}{\partial x^2} + \frac{\partial^2 u}{\partial y^2}$$

가 되는데, 일반적으로

$$\Delta = \frac{\partial^2}{\partial x^2} + \frac{\partial^2}{\partial y^2}$$

라 쓰고, Δ를 라플라스 작용소라 부른다. 따라서 열원이 없는 상태에서 열방정식은

$$\frac{\partial u}{\partial t}(\mathbf{x}, t) = D\Delta u \tag{8.3}$$

가 된다. 삼차원에서는

$$\Delta = \frac{\partial^2}{\partial x^2} + \frac{\partial^2}{\partial y^2} + \frac{\partial^2}{\partial z^2}$$

이 된다.

일차원에서는

$$\Delta = \frac{\partial^2}{\partial x^2}$$

이므로, 이 경우 열방정식은

$$\frac{\partial u}{\partial t}(\mathbf{x}, t) = D\frac{\partial^2 u}{\partial x^2} \tag{8.4}$$

가 된다. 이 장에서 다루는 금침의 온도 변화 문제도 시간을 제외하고 공간 만을 고려하면 일차원 문제이므로 관련 미분방정식은 (8.4)가 된다.

8.2 금침의 온도분포

이 절에서는 금침의 온도 변화를 구한다. 금침의 길이를 L이라 하고 그 왼쪽 끝의 좌표를 0, 오른쪽 끝을 L이라 두자. 금침의 온도분포 $u = u(x,t)$(x는 금침의 점의 좌표, t는 시간을 나타낸다)는 열방정식 (8.4)을 만족한다. 이 방정식에서 논의를 간단히 하기 위해 $c = 1$로 두면, 열방정식은

$$\frac{\partial u}{\partial t} = \frac{\partial^2 u}{\partial x^2} \quad (t > 0,\ 0 < x < L) \tag{8.5}$$

이 된다. 금침을 달구던 램프를 치운 시점 $t = 0$에서 금침의 온도분포를 $u_0(x)$라 하면, $u(x,t)$는 초기조건

$$u(x,0) = u_0(x)\ (0 \le x \le L) \tag{8.6}$$

를 만족한다. 또 금침의 양 끝의 온도가 0이 되도록 유지한다면, $u(x,t)$는 경계조건

$$u(0,t) = u(L,t) = 0\ (t \ge 0) \tag{8.7}$$

을 만족해야 한다. 그러므로, 금침의 온도분포를 구하는 문제는 방정식 (8.5)의 해 중에서 조건 (8.6)과 (8.7)을 만족하는 것을 구하는 문제에 귀착한다.

이 절에서 문제 (8.5)-(8.7)을 다루는 방법은 푸리에(Joseph Fourier, 1768-1830)가 그의 책 “Théorie analytique de la chaleur(열의 해석적 이론)" (1822)에서 제시한 것이다. 이 역작은 인류의 과학 기술 문명에 지대한 영향을 끼쳤는데, 푸리에급수 이론이 이 책에서 시작된 것이다. 사실 푸리에 급수 이론이

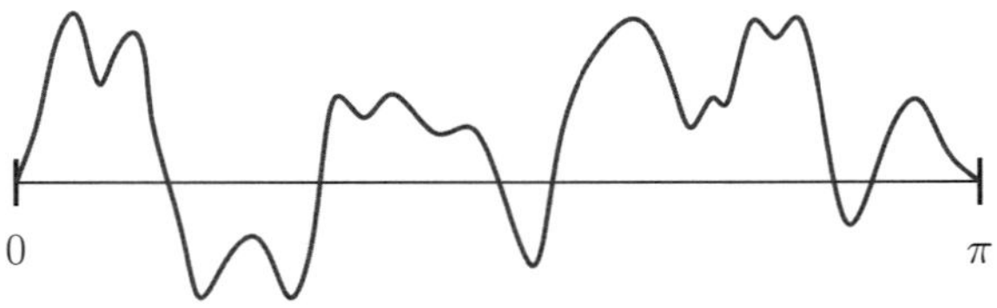

Figure 8.2: 신호함수

없었다면 현대 정보통신 기술은 존재하지 않았을 것이다.

푸리에가 제시한 아이디어를 살펴보기로 하자. 먼저 조건 (8.6)과 (8.7)에서 $u_0(0) = u_0(L) = 0$이 성립한다는 것을 확인할 수 있다. 논의를 간단히 하기 위해서 $L = \pi$라고 가정하자. $x = 0$과 $x = \pi$에서 0이 되는 함수로는

$$\sin x,\ \sin 2x,\ \ldots, \sin nx,\ \ldots$$

등이 있는데, 이 함수들은 주기가 2π의 자연수 배가 되는 함수들이다. 푸리에의 획기적인 아이디어는 $u_0(0) = u_0(\pi) = 0$을 만족하는 함수는 항상

$$u_0(x) = \alpha_1 \sin x + \alpha_2 \sin 2x + \cdots + \alpha_n \sin nx + \cdots, \quad 0 \le x \le \pi \tag{8.8}$$

로 표현할 수 있다는 것이다. 여기서 $\alpha_1, \alpha_2, \ldots$는 상수들이다. 만약 $u_0(0) = u_0(\pi)$(0이 아니더라도)이 성립한다면

$$u_0(x) = \alpha_0 + \alpha_1 \sin x + \alpha_2 \sin 2x + \cdots + \alpha_n \sin nx + \cdots, \quad 0 \le x \le \pi \tag{8.9}$$

로 표현된다. 식 (8.9)처럼 함수 u_0를 표현하는 급수를 u_0의 푸리에 싸인급수 (Fourier sine series)라 부른다.

초깃값 u_0의 푸리에 싸인급수 전개는 주어진 열방정식 문제를 푸는데 결정적인 역할을 한다. 먼저 임의의 자연수 n에 대하여 함수 $e^{-n^2 t} \sin nx$가 열방정식 (8.5)의 해가 된다는 것을 쉽게 확인할 수 있다. 그러므로 초깃값 u_0의 푸리에 싸인급수가 (8.8)로 주어진다면, 우리가 다루는 온도분포 문제의 해는

$$u(x,t) = \alpha_1 e^{-t} \sin x + \alpha_2 e^{-2t} \sin 2x + \cdots + \alpha_n e^{-n^2 t} \sin nx + \cdots \tag{8.10}$$

이 된다. 즉, 위 무한합의 각 항이 (8.5)의 해이므로 그것들의 합 $u(x,t)$도 해이며 (중합의 원리),

$$u(x,0) = \alpha_0 + \alpha_1 \sin x + \alpha_2 \sin 2x + \cdots + \alpha_n \sin nx + \cdots = u_0(x)$$

이므로 초기 조건을 만족한다. 그리고 $u(x,t)$가 경계조건 (8.7)를 만족한다는 것을 쉽게 확인할 수 있다.

이제 푸리에 싸인급수의 계수 α_n(푸리에 계수라 부른다)을 결정하는 방법에 대해서 살펴보자. 모든 자연수 m,n에 대하여

$$\frac{2}{\pi}\int_0^\pi \sin mx \, \sin nx \, dx = \delta_{mn} \quad (\delta_{nm}\text{은 크로네커의 델타})$$

이 된다는 것을 쉽게 확인할 수 있다. 그러므로 (8.8)의 양변에 $\sin nx$를 곱하여 적분하면,

$$\alpha_n = \frac{2}{\pi}\int_0^\pi u_0(x) \sin nx \, dx, \quad n = 1, 2, \ldots \tag{8.11}$$

가 된다. 그러므로 초기조건 u_0가 주어지면, (8.11)를 이용하여 푸리에 계수를 구하고, 식 (8.10)을 이용하여 주어진 금침의 온도분포 문제의 해를 구할 수 있다.

연습문제 8.1 *초기조건이* $u_0(x) = x(\pi - x)$*일 때, 금침의 시간에 따른 온도분포를 구하라.*

참고. 구간의 길이가 π가 아니고 일반적으로 L인 경우에는 $f(0) = f(L) = 0$을 만족하는 모든 f에 대해 다음 푸리에 싸인급수 전개식이 성립한다.

$$f(x) = \alpha_1 \sin \frac{\pi}{L}x + \alpha_2 \sin \frac{2\pi}{L}x + \cdots + \alpha_n \sin \frac{n\pi}{L}x + \cdots, \quad 0 \le x \le L. \tag{8.12}$$

여기서 푸리에 계수 α_n은

$$\alpha_n = \frac{2}{L}\int_0^L f(x) \sin \frac{n\pi}{L}x \, dx, \quad n = 1, 2, \ldots \tag{8.13}$$

이 된다.

8.3 푸리에 급수와 신호

앞 절에서 $f(0) = f(\pi) = 0$을 만족하는 함수 f에 대해서, 푸리에 싸인급수전개식

$$f(x) = \alpha_1 \sin x + \alpha_2 \sin 2x + \cdots + \alpha_n \sin nx + \cdots, \quad 0 \le x \le \pi \tag{8.14}$$

가 성립한다는 것을 보았다. 이 절에서는 이 식이 신호처리와 관련하여 가지는 중요한 의미를 간단히 살펴보기로 한다.

함수 $f(x)$의 그래프가 그림 8.2과 같이 주어진다고 하자. 그림은 신호(signal)같아 보이기도 한다. 사실 신호는 시간에 따라 변하는 함수이다. 그러므로 함수 $f(x)$가 (8.14)과 같이 표현된다는 것은, 신호를 주기가 2π인 성분, 4π인 성분, 6π인 성분(그림 8.3 참고)등으로 분해할 수 있다는 것을 의미한다. 또 (8.11)에 따르면, 주기가 $2n\pi$인 성분의 크기 α_n은

$$\alpha_n = \frac{2}{\pi}\int_0^{\pi} f(x)\sin nx\, dx, \quad n = 1, 2, \ldots \tag{8.15}$$

으로 주어진다. 이것은 신호 $f(x)$ $(0 \le x \le \pi)$와 수열 $\{\alpha_n\}$이 동일한 정보를 가지고 있다는 것을 의미한다. 즉, 신호 $f(x)$를 알면 식 (8.15)를 이용하여 수열 $\{\alpha_n\}$을 구할 수 있고, 반대로 수열 $\{\alpha_n\}$을 알면 식 (8.14)을 이용하여 신호 $f(x)$를 복원할 수 있다.

뿐만 아니라, 유한개의 푸리에 계수 $\alpha_1, \alpha_2, \ldots, \alpha_N$을 이용하여

$$S_N(x) = \alpha_1 \sin x + \alpha_2 \sin 2x + \cdots + \alpha_N \sin Nx \tag{8.16}$$

라 정의하면, 일반적으로 $S_N(x)$는 N이 점점 커지면 $f(x)$로 수렴한다. 신호 $f(x)$의 좋은 근사를 구할 수 있다. 그림 8.4는 $f(x) = x^3(\pi - x)^2$일 때 S_1, S_2, S_3의 그래프인데, S_N이 $f(x)$로 가까이 간다는 것을 확연히 보여준다. 그러므로 N을 충분히 크게 잡으면 신호 $f(x)$의 좋은 근사를 구할 수 있다는 것을 의미한다. 그러므로 신호 $f(x)$를 유한개의 수 $\alpha_1, \alpha_2, \ldots, \alpha_N$로 표현할 수 있다는 것을 의미한다.

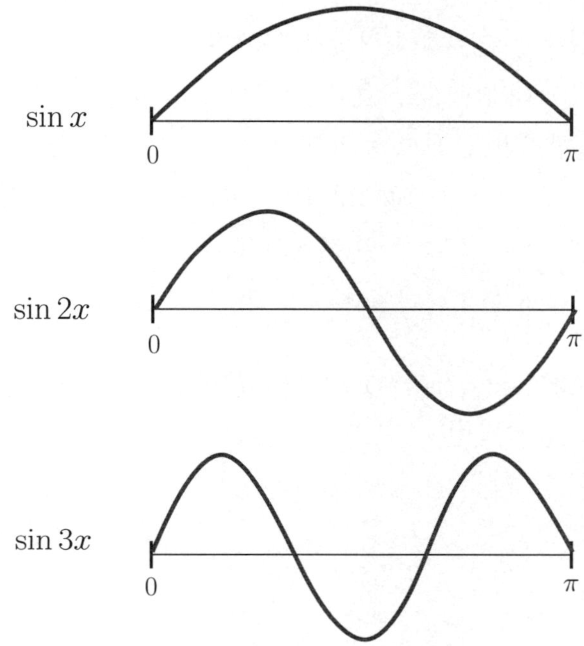

Figure 8.3: 싸인 그래프

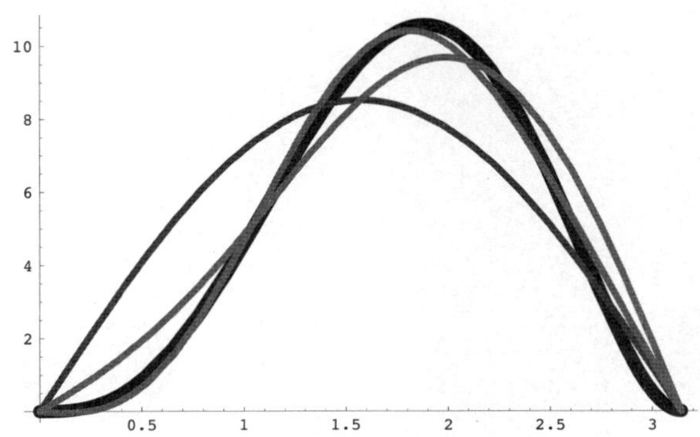

Figure 8.4: 푸리에급수의 수렴. 검은 선: 원 신호, 파란 선: S_1, 분홍 선: S_2, 붉은 선: S_3

지금까지 푸리에 급수에 대해 다룬 내용은 기술적인 측면에서 매우 중요한 의미를 지니고 있는데, 이를 알기 위해 신호를 전송하는 상황을 고려해 보자. 신호는 0과 π사이의 모든 x에서 함수값 $f(x)$의 모음이다. 그러므로 신호를 다른 사람에게 전송하기 위해서는 $f(x)$ $(0 \leq x \leq \pi)$를 모두 보내야 할 것으로 생각할 수 있다. 하지만 앞에서 논의한 바에 따르면 신호를 보내기 위해서는 유한개의 수 $\alpha_1, \alpha_2, \ldots, \alpha_N$만 보내면 된다. 이는 이 수를 받은 사람이 (8.16)를 이용하여 S_N를 계산하면 이것이 원 신호의 좋은 근사가 되기 때문이다. 이것은 세상을 바꾼 획기적인 아이디어였다.

연습문제 8.2 *신호* $f(x) = x(x-1)(x-\pi)$*의 푸리에 계수* $\alpha_1, \alpha_2, \alpha_3$*을 구하고,* S_1*,* S_2*,* S_3*의 그래프를 그려* $f(x)$*의 그래프와 비교하라.*

9

전기 전도-디리클레 문제

문제: 전기 전도체의 경계에 전압을 걸었을 때 전도체 내부에서 발생하는 전압 분포를 구하라.

9.1 디리클레 문제

전기전도현상은 전류의 확산이라는 측면에서 열의 확산인 열전도현상과 같다. 하지만 큰 차이가 있는데, 전기전도는 삽시간에 일어나기 때문에 시간에 따른 변화는 무시할 수 있다. 따라서 전기전도의 경우에는 방정식 (8.3)에서 $\frac{\partial u}{\partial t} = 0$ 이 되어 전기전도를 나타내는 편미분방정식은

$$\Delta u = 0$$

이 되며, 이 방정식의 해 $u(\mathbf{x})$가 영역 내부에서 전압분포를 나타낸다.

영역 Ω를 2차원 혹은 3차원 공간에 있는 유계영역(bounded domain)이라 하고 $S = \partial\Omega$를 Ω의 경계라 하자. Ω는 전도체를 나타낸다. 이 영역의 경계에 전압(voltage) f를 걸었다는 뜻은 Ω에서의 전압분포를 나타내는 함수 u가 Ω의 경계 S에서 $u = f$를 만족한다는 것이다. 그러므로 이 장에서 다루는 문제는

$$\begin{cases} \Delta u = 0 & \text{in } \Omega, \\ u = f & \text{on } S \end{cases} \tag{9.1}$$

의 해 u를 구하는 문제를 말한다. 이 문제를 라플라스방정식의 경곗값문제 혹은 수학자 디리클레(Lejeune Dirichlet, 1805-1859)의 이름을 따서 디리클레 문제라 한다. 이 문제는 고전적인 문제로 19세기 이후 수학의 중요한 부분으로 자리잡고 있으며, 디리클레 문제를 다루기 위한 수많은 방법들이 고안되었다. 이 문제의 역사를 보면, 바이에르스트라스(Karl Weierstrass, 1815-1897), 프앙까레(Henri Poincaré, 1854-1912), 힐버트(David Hilbert, 1862-1943)와 같은 위대한 수학자의 이름을 발견할 수 있다. 현재는 디리클레 문제에 대한 이해의 수준이 매우 높아 이 문제에 대한 새로운 관심사를 발견하기는 어렵지만, 보다 복잡한 편미분방정식 문제를 이해하는 기초적 문제로서 디리클레 문제는 편미분방정식 이론의 중심을 차지하고 있다.

디리클레 문제를 가지고 편미분방정식 이론과 계산 분야에서 다루는 중심 주제에 대해서 잠시 살펴보기로 하자.

수학적 모델링(mathematical modelling): 자연현상이나 법칙 등을 이용하여 주어진 문제를 수학적으로 표현하는 과정을 말한다. 이 과정은 현대에 들어와 그 중요성이 점점 부각되고 있다. 많은 편미분방정식이 이 과정을 통해 탄생한다.

해의 존재성(existence of solution): 주어진 편미분방정식의 해가 존재하는가 하는 질문이다. 디리클레 문제 (9.1)이 전기전도현상을 나타내는 것과 같이 편미분방정식이 자연현상을 나타내므로 방정식의 해가 존재해야 한다고 주장할 수 있는데, 이것은 어느 정도 수긍할 만한 논점이다. 하지만 편미분방정식으로 모델링된 문제는 그 대상이 되는 현상을 근사적으로 나타내고 있을 뿐, 현상을 완전하게 나타낼 수는 없다. 그러므로 해의 존재성이 문제가 된다. 이 문제와 아래에서 논의할 유일성, 안정성, 수치적 계산 등을 다루기 위해 많은 고등수학적 방법들이 고안되었다.

해의 유일성(uniqueness of solution): 해가 있다면 단 하나만 있는가 하는 질문이다. 디리클레 문제의 해가 전압분포를 나타내는 것이므로 당연히 해는 하나여야 한다고 생각할 수 있으며, 이러한 생각도 충분한 근거가 있다. 하지만, 유일성의 질문과 마찬가지로 편미분방정식이 자연현상을 완전하게 표현하고 있는 것이 아니며 자연현상에서는 작용하는 여러가지 사소한 조건들이 무시

되어 있기 때문에 자연현상에서는 단 하나인 현상이 수학문제로 변화되면서 2 개 혹은 여러개의 해를 가지게 될런지 모른다. 실제로 해가 없는 미분방정식, 해가 무수히 많은 미분방정식 문제가 있다. 유일성은 이론적인 측면뿐만 아니라 해를 계산하는 실제적 측면에서도 중요하다. 해가 유일하지 않다면, 수치적 계산에도 문제가 생기며, 설령 계산을 할 수 있어도 구한 해가 우리가 원하는 해인지를 확인하여야 한다.

디리클레 문제 (9.1)의 해가 유일하다는 것을 어렵지 않게 보일 수 있다. 해의 유일성을 보이려면, 해가 u_1, u_2라면 $u_1 = u_2$임을 보이면 된다. 각각의 u_j는 다음식을 만족한다.

$$\begin{cases} \Delta u_j = 0 & \text{in } \Omega, \\ u_j = f & \text{on } S. \end{cases}$$

두 해를 빼고, $u = u_1 - u_2$ 라 두면

$$\begin{cases} \Delta u = 0 & \text{in } \Omega, \\ u = 0 & \text{on } S \end{cases} \tag{9.2}$$

가 성립하는데, 이것을 만족하는 함수는 $u = 0$ 밖에 없음을 보이면 된다. $\Delta u = 0$ 이므로,

$$|\nabla u|^2 = \nabla u \cdot \nabla u = \nabla \cdot (u \nabla u) - u \Delta u = \nabla \cdot (u \nabla u)$$

가 성립한다. 등식의 양끝을 적분하면, 발산정리에 의하여

$$\int_\Omega |\nabla u|^2 d\mathbf{x} = \int_\Omega \nabla \cdot (u \nabla u) d\mathbf{x} = \int_S u \nabla u \cdot \mathbf{n} dS = 0$$

이 성립하는데, 마지막 등식은 S에서 $u = 0$이기 때문에 성립한다. 그러므로, Ω에서 $\nabla u = 0$이고, 따라서 u는 Ω에서 상수인데, u의 경곗값이 0이므로 이 상수는 0이다.

해의 안정성(stability of solution): 편미분방정식의 해가 주어진 경계값 f가 변하면 어떻게 달라지는가에 대한 질문이다. 특히 경계값 f가 조금 변하면

그에 따른 해 u도 조금 변하는가 하는 질문이다. 이것도 이론적으로 뿐만 아니라 실제적으로도 매우 중요한 문제이다. 예를 들어 디리클레 문제 (9.1)를 생각해 보자. 경계에서 전압(f)를 측정하여 내부의 전압분포(u)를 알려고 하는 것이다. 하지만 지구상의 어떤 계기도 전압을 정확히 측정할수 없고 측정치에는 항상 오차가 포함되어 있다. 만약 (9.1)가 안정적이지 않다면 (이런 경우 문제가 ill-posed 되었다고 한다) 그 측정치를 가지고 구한 해 u는 구하고자 했던 전압분포와는 전혀 다른 것일 수 있다. 실제로 안정되어있지 못한 문제는 많이 있으며 기상관측 등에서 자주 등장하는 카오스가 그 좋은 예이다. 다행히 (9.1)는 안정적이라는 것이 증명되었다.

해를 구하는 수치적 방법 (numerical methods): 해를 컴퓨터를 이용하여 정확하고 빠르게 계산하는 방법을 말한다. 대부분의 미분방정식이 해석적 방법으로 풀리지 않으므로, 미분방정식을 현실문제에 응용하기 위해서는 수치적 방법의 적용이 필수적이다.

연습문제 9.1 *디리클레이 문제를 1차원에서 나타내면:* $\Omega = (a,b)$, $S = \{a,b\}$ *가 되고, 방정식은*

$$\begin{cases} u'' = 0 & in\ \Omega, \\ u(a) = c_1,\ u(b) = c_2 \end{cases}$$

가 되는데, 이것은 아주 쉬운 상미분방정식의 경계치문제 (boundary value problem for ordinary differential equations)이다. 다음 문제의 해를 구하라.

$$\begin{cases} u''(x) = 0, & 0 < x < 1, \\ u(0) = 1,\ u(1) = 3. \end{cases}$$

9.2 사각형 영역에서의 디리클레 문제 해법

이절에서는 디리클레 문제 (9.1)의 해를 해석적 방법으로 구하는 한가지 방법을 공부한다. 이 절에서부터 주어진 영역 Ω는 사각형 영역, 즉 $\Omega = \{\,(x,y) : 0 <$

$x < a, 0 < y < b\}$ 이다. 디리클레 문제를 다시 표현하자면,

$$\begin{cases} \dfrac{\partial^2 u}{\partial x^2} + \dfrac{\partial^2 u}{\partial y^2} = 0, \quad 0 < x < a, 0 < y < b; \\ u(x,0) = f_1(x),\ u(x,b) = f_2(x), \quad 0 < x < a; \\ u(0,y) = g_1(y),\ u(a,y) = g_2(y), \quad 0 < y < b. \end{cases} \tag{9.3}$$

경곗값이 연속이라면, $f_1(0) = u(0,0) = g_1(0)$이 성립해야 하고, 같은 이유에서 $f_1(a) = g_2(0)$, $f_2(0) = g_1(b)$, $f_2(a) = g_2(b)$가 성립한다는 것을 확인할 수 있다.

여기서는 이 문제를 이른바 변수분리(separation of variables) 방법을 이용하여 푼다. 먼저 사각형의 꼭지점에서 경곗값이 모두 0이라 가정하자. (이것이 성립하지 않는 경우는 나중에 다룬다.) 즉, $f_1(0) = f_1(a) = 0$, $f_2(0) = f_2(a) = 0$, $g_1(0) = g_1(b) = 0$, $g_2(0) = g_2(b) = 0$이 성립한다. 문제 (9.1)을 다음의 두 문제로 분리하자.

$$(D1) \quad \begin{cases} (D1.1)\ \dfrac{\partial^2 u}{\partial x^2} + \dfrac{\partial^2 u}{\partial y^2} = 0, \quad 0 < x < a, 0 < y < b; \\ (D1.2)\ u(x,0) = f_1(x),\ u(x,b) = f_2(x), \quad 0 < x < a; \\ (D1.3)\ u(0,y) = 0,\ u(a,y) = 0, \quad 0 < y < b. \end{cases}$$

$$(D2) \quad \begin{cases} (D2.1)\ \dfrac{\partial^2 u}{\partial x^2} + \dfrac{\partial^2 u}{\partial y^2} = 0, \quad 0 < x < a, 0 < y < b; \\ (D2.2)\ u(x,0) = 0,\ u(x,b) = 0, \quad 0 < x < a; \\ (D2.3)\ u(0,y) = g_1(y),\ u(a,y) = g_2(y), \quad 0 < y < b. \end{cases}$$

문제 (D1)과 (D2)의 해를 더하면 문제 (9.1)의 해를 얻는다.

먼저 방정식 (D1)을 풀기로 하자. 변수분리 방법이란, $u(x,y) = X(x)Y(y)$ 형태의 해를 구하는 것을 말한다. $u(x,y)$가 이러한 형태라면 방정식 (D1.1)은 다음과 같이 쓸 수 있다.

$$X''(x)Y(y) + X(x)Y''(y) = 0.$$

다시 쓰자면,

$$\frac{X''(x)}{X(x)} = -\frac{Y''(y)}{Y(y)}.$$

이 항등식이 모든 x, y에 대하여 성립하려면 양변이 모두 상수이어야 한다. 즉,

$$\frac{X''(x)}{X(x)} = -\frac{Y''(y)}{Y(y)} = -\lambda^2 \, (\lambda > 0). \tag{9.4}$$

한가지 눈여겨 보아야 할 것은 $-\lambda^2$는 음수라는 것이다. 이렇게 음수가 되어야 하는 이유는 다음 경계치 문제(고윳값 문제라 불린다)의 해의 존재성 때문이다. 식 (9.4)의 첫번째 등식과 경계조건 (D1.3)에 의하여 다음 2계 상미분방정식의 경곗값 문제가 유도된다.

$$\begin{cases} X''(x) + \lambda^2 X(x) = 0, \quad 0 < x < a; \\ X(0) = X(a) = 0. \end{cases}$$

이 문제의 해가 존재하려면 $\lambda = \lambda_n = \frac{n\pi}{a}$ $(n = 1, 2, \ldots)$이어야 하고, 이때 해는 $X_n(x) = \sin(\lambda_n x)$의 상수배이다.

연습문제 9.2 *바로 위 문장을 증명하라.*

$\lambda = \lambda_n$일 때, 방정식 (9.4)의 두번째 식인 $Y''(y) - \lambda^2 Y(y) = 0$ 의 해는

$$Y_n(y) = \alpha_n \cosh(\lambda_n y) + \beta_n \sinh(\lambda_n y)$$

이다. 따라서, $X_n(x)Y_n(y)$는 방정식 (D1.1)의 해가 되고, 문제 (D1)의 해를 다음과 같이 나타낼 수 있다.

$$u(x, y) = \sum_{n=1}^{\infty} [\alpha_n \cosh(\lambda_n y) + \beta_n \sinh(\lambda_n y)] \sin(\lambda_n x).$$

이 해는 이미 경계조건 (D1.3)를 만족하고 있으며, 이제 남은 과제는 (D1.2)를 만족하도록 계수 α_n과 β_n을 결정하는 것이다. 계수 α_n과 β_n은 다음을 만족한

다.

$$u(x,0) = \sum_{n=1}^{\infty} \alpha_n \sin(\lambda_n x) = f_1(x),$$
$$u(x,b) = \sum_{n=1}^{\infty} [\alpha_n \cosh(\lambda_n b) + \beta_n \sinh(\lambda_n b)] \sin(\lambda_n x) = f_2(x).$$

그런데, 가정에 의해 $f_1(0) = f_1(a) = 0$, $f_2(0) = f_2(a) = 0$이므로, 푸리에 전개식 (8.12)과 (8.13)에 의하면

$$f_j(x) = \sum_{n=1}^{\infty} \left(\frac{2}{a} \int_0^a f_j(x) \sin(\lambda_n x) dx \right) \sin(\lambda_n x), \quad j = 1, 2$$

가 성립한다. 그러므로, 위 식에서 α_n과 β_n을 결정하면

$$\alpha_n = \frac{2}{a} \int_0^a f_1(x) \sin(\lambda_n x) dx,$$
$$\beta_n = \frac{1}{\sinh(\lambda_n b)} \left[\frac{2}{a} \int_0^a f_2(x) \sin(\lambda_n x) dx - \alpha_n \cosh(\lambda_n b) \right].$$

똑 같은 방법으로 (D2)를 풀면,

$$u(x,y) = \sum_{n=1}^{\infty} [A_n \cosh(\mu_n x) + B_n \sinh(\mu_n x)] \sin(\mu_n y), \qquad \mu_n = \frac{n\pi}{b} \tag{9.5}$$

이고,

$$A_n = \frac{2}{b} \int_0^b g_1(y) \sin(\mu_n y) dy \tag{9.6}$$
$$B_n = \frac{1}{\sinh(\mu_n a)} \left[\frac{2}{b} \int_0^b g_2(y) \sin(\mu_n y) dy - A_n \cosh(\mu_n a) \right]. \tag{9.7}$$

연습문제 9.3 *식 (9.5)-(9.7)을 유도하라.*

지금까지 설명한 변수분리법은 사각형의 꼭지점에서 경곗값이 모두 0이라는 조건, 즉 $u(0,0) = u(0,b) = u(a,0) = u(a,b) = 0$이라는 조건 하에서 적용할 수 있다. 그러면 이 조건이 만족되지 않는 경곗값에 대해서는 어떻게 (9.3)의 해를 구할지 살펴보자.

사각형의 꼭지점에서 경곗값이 다음과 같이 주어진다고 하자.

$$u(0,0)=c_1, \quad u(0,b)=c_2, \quad u(a,0)=c_3, \quad u(a,b)=c_4. \tag{9.8}$$

함수 1, x, y, xy는 모두 $\Delta u=0$을 만족한다[1]. 함수 $w(x,y)$를

$$w(x,y)=d_1+d_2x+d_3y+d_4xy \tag{9.9}$$

라 두면, w도 $\Delta w=0$을 만족한다. 여기서 계수 d_1,d_2,d_3,d_4는

$$w(0,0)=c_1, \quad w(0,b)=c_2, \quad w(a,0)=c_3, \quad w(a,b)=c_4$$

가 성립하도록 선택한다. 물론 그러한 d_1,d_2,d_3,d_4는 쉽게 구할 수 있다.

함수 u가 (9.3)의 해일 때, $v=u-w$라 두면, $\Delta v=0$이고 사각형의 네 꼭지점에서 v의 값이 0이 된다. 그러므로 이 절의 앞부분에서 다룬 변수분리법을 이용해 v를 구하면, 우리가 구하는 해는 $u=v+w$가 된다.

연습문제 9.4 *다음 편미분방정식의 해를 구하라.*

$$\begin{cases} \Delta u=0 & in\ \Omega=\{(x,y):0<x<1, 0<y<1\} \\ u(x,0)=x,\ u(0,y)=y,\ u(x,1)=u(1,y)=1. \end{cases} \tag{9.10}$$

9.3 해의 수치적 계산

이제 디리클레문제를 수치적으로 푸는 한 방법을 공부하기로 하자. 미분방정식을 수치적으로 푼다는 것은 미분방정식을 대수방정식으로 바꾸고 그 방정식을 푼다는 것을 의미한다. 이 방법은 미분을 대수식으로 바꾸는 과정에서 필연적으로 오차를 수반하며, 따라서 수치적 방법으로 방정식을 푸는 것은 해의 근사값이지 정확한 해는 아니다. 하지만, 대부분의 방정식이 해석적 방법으로 풀리지 않으므로, 미분방정식을 현실문제에 응용하기 위해서는 수치적 방법의 이해가 필수적이다. 이 절에서는 문제 (9.1)의 해를 이른바 유한차분법(finite

[1] $\Delta u=0$을 만족하는 함수를 조화함수(harmonic function)라 부른다.

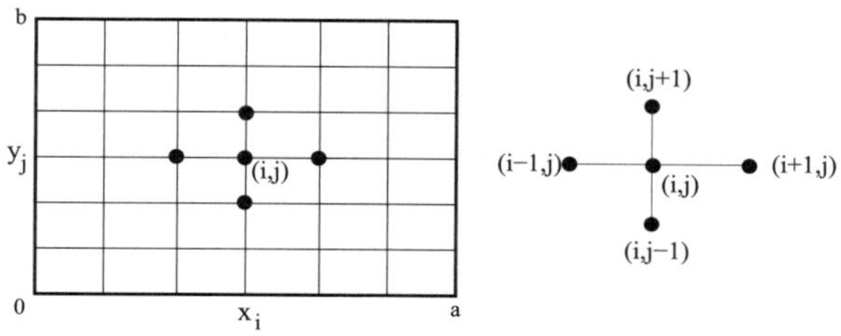

Figure 9.1: 수치계산을 위한 2차원 격자

difference method, FDM)을 이용하여 수치적으로 계산하는 방법을 공부한다.(문헌 [6] 참조)

9.2 절에서와 마찬가지로 이절에서도 $\Omega = \{\,(x,y) : 0 < x < a,\, 0 < y < b\,\}$라 하자. 미분방정식을 대수방정식으로 바꾸기 위해서는 연속변수 (x,y)에 대하여 정의되는 함수를 격자점에서 정의된 함수로 대표하여야 한다. 즉 사각형 Ω를 그림 9.1와 같이 격자점으로 대표시키자. 즉, Ω를 x축 방향으로 m등분하고 y축 방향으로 n등분하여 생기는 격자점을 (x_i, y_j) $(0 \le i \le m, 0 \le j \le n)$이라 하자. $f(x,y)$가 Ω에서 정의된 함수일 때 $f(x_i, y_j) = f_{i,j}$라 두자.

문제 (9.1)을 대수방정식으로 바꾸기 위해서는 미분 u_{xx}와 u_{yy}의 (x_i, y_j)에서 값을 표현해 주어야 한다. 이를 위하여 잠시 일변수 함수에 대하여 살펴보자. 일변수함수 $g(x)$에 테일러 정리를 적용하면, 아주 작은 h에 대하여

$$g(x+h) \approx g(x) + g'(x)h + g''(x)\frac{h^2}{2}$$

가 성립한다. 이 식에 h 대신 $-h$를 대입하면

$$g(x-h) \approx g(x) - g'(x)h + g''(x)\frac{h^2}{2}$$

이 성립하는데, 두 식을 더하면,

$$g(x+h) - 2g(x) + g(x-h) \approx g''(x)h^2,$$

즉,

$$g''(x) \approx \frac{g(x+h) - 2g(x) + g(x-h)}{h^2}$$

가 성립한다. 그러므로, 다음과 같은 사실을 유추할 수 있다.

$$\frac{\partial^2 u}{\partial x^2}(x_i, y_j) \approx \frac{u(x_{i+1}, y_j) - 2u(x_i, y_j) + u(x_{i-1}, y_j)}{h^2},$$
$$\frac{\partial^2 u}{\partial y^2}(x_i, y_j) \approx \frac{u(x_i, y_{j+1}) - 2u(x_i, y_j) + u(x_i, y_{j-1})}{h^2}.$$

그러므로 편미분방정식 $u_{xx} + u_{yy} = 0$에서 $u_{xx}(x_i, y_j)$와 $u_{yy}(x_i, y_j)$는 각각 $[u_{i+1,j} - 2u_{i,j} + u_{i-1,j}]/h^2$와 $[u_{i,j+1} - 2u_{i,j} + u_{i,j-1}]/h^2$로 대치할 수 있다. 그러므로 방정식 $u_{xx} + u_{yy} = 0$는

$$(u_{i+1,j} - 2u_{i,j} + u_{i-1,j}) + (u_{i,j+1} - 2u_{i,j} + u_{i,j-1}) = 0, \quad 1 \le i \le m-1,\ 1 \le j \le n-1 \tag{9.11}$$

로 바뀌며, 경계조건 $u(x, y) = f(x, y)$ $((x, y) \in S)$는

$$u_{i,j} = f_{i,j} \quad (i = 0 \text{ 혹은 } m,\ j = 0 \text{ 혹은 } n). \tag{9.12}$$

여기서, 사각형의 네 꼭지점의 값 즉, $f_{0,0}, f_{0,n}, f_{m,0}, f_{m,n}$은 무시한다. 식 (9.11)과 (9.12)를 풀면 각 격자점에서 해의 근사값을 구할 수 있다.

아주 흥미로운 점을 하나 언급하고 넘어가자. 식 (9.11)을

$$u_{i,j} = \frac{u_{i+1,j} + u_{i-1,j} + u_{i,j+1} + u_{i,j-1}}{4} \tag{9.13}$$

로 다시 쓸 수 있는데, 이는 각 격자점 (i, j)에서의 값이 그 격자의 상하, 좌우의 격자점에서의 값의 평균이라는 것이다 (그림 9.1 참조). 그러므로 (9.11) 과 (9.12)를 푼다는 것은 경계에 있는 격자점에서의 값이 주어질 때, 규칙 (9.13)을 만족하도록 내부의 격자점에서의 값을 정해간다는 것을 의미한다. 마치 퍼즐 문제 같다.

연습문제 9.5 *문제 (9.10)의 근사해를 $m = n = 4$로 하여 수치적으로 계산하라. 계산된 근사해를 연습문제 9.4에서 구한 참해의 격자점에서의 값과 비교하라.*

연습문제 9.6 *(i) $u_{i,j}$가 규칙 (9.13)을 만족하면, $u_{i,j}$의 최댓값과 최솟값은*

반드시 경계에 있는 격자점에서 발생한다는 것을 보여라.

(ii) 경곗값이 주어질 때, 규칙 (9.13)을 만족하도록 내부의 격자점에서의 값을 정하는 방법은 단 하나 뿐임을 보여라.

9.4 Matlab을 이용하여 해 구하기

Matlab을 이용하면 디리클레 문제 (9.1)의 수치해를 쉽게 구할 수 있다. 그림 9.4는 $\Omega = (0,1) \times (0,1)$이고, 경곗값이 $f(x,y) = e^x \sin y$로 주어질 때, Matlab을 이용해 격자의 간격 h가 0.1일 때 (9.1)의 수치해를 계산한 결과이다. 계산과 그림을 그리기 위한 Matlab 코드는 아래에 제시되어 있다. 이 경우, $u(x,y) = e^x \sin y$가 조화함수이므로 이것이 참해이다. 이와 같은 경곗값을 택한 까닭은 수치해가 참해의 좋은 근사값임을 보이기 위함이다. 참해의 그림과 오차는 그림 9.4에 나타나 있다

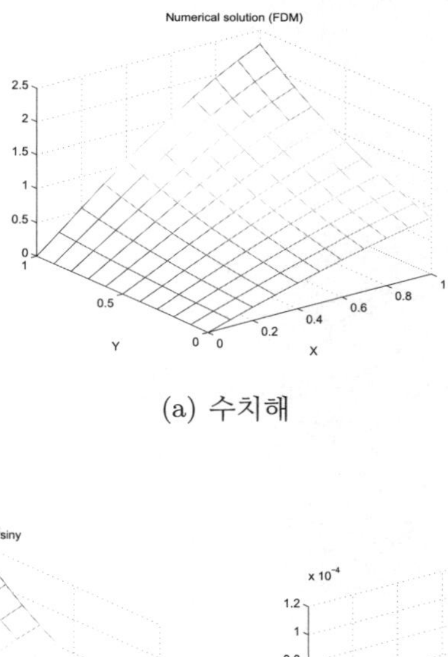

(a) 수치해

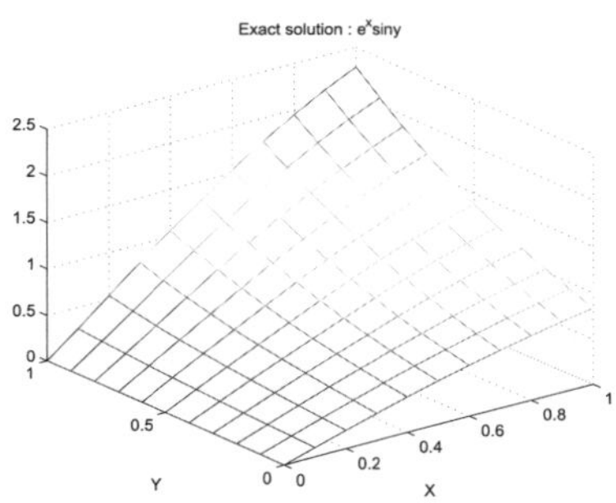

(b) 참해

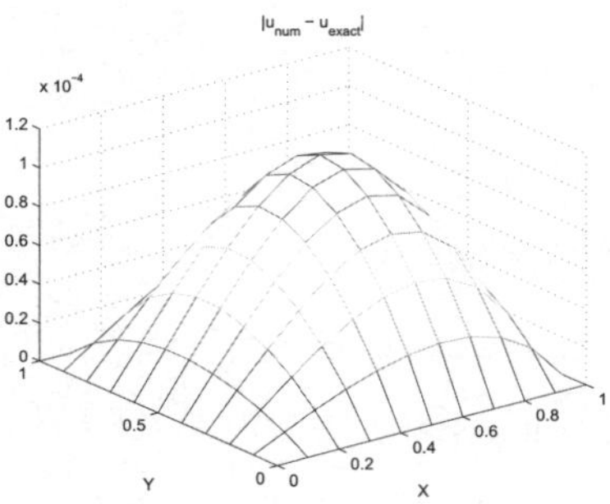

(c) 오차(척도가 10^{-4}임에 주목하라)

[수치해 구하기]

```
%% 2D Laplace equation : Numerical solution


u = zeros(n,n);
u(1,:) = u_exact(1,:);
u(end,:) = u_exact(end,:);
u(:,1) = u_exact(:,1);
u(:,end) = u_exact(:,end);

while max(max(abs(u_old-u))) > tol
    u_old = u;
    for i = 2:n-1
        for j = 2:n-1
            u(i,j) = (u(i-1,j) + u(i+1,j) + u(i,j-1) + u(i,j+1))/4;
        end
    end
end
```

[격자점에서 참해의 값 구하기]

```
%% 2D Laplace equation : Exact solution
clear all;close all;

dx = 0.1;
dy = 0.1;
n = floor(1/dx)+1;
x = linspace(0,1,n);
y = linspace(0,1,n);
tol = 10^(-16);
u_old = ones(n,n);
```

```
for i = 1:n
    for j = 1:n
        u_exact(i,j) = exp(x(i))*sin(y(j));
    end
end
```

[그림 그리기]

```
%% Plot

figure(1)
mesh(x,y,u)
xlabel('X');ylabel('Y')
title('Numerical solution (FDM)')

figure(2)
mesh(x,y,u_exact)
xlabel('X');ylabel('Y')
title('Exact solution : e^xsiny')

figure(3)
mesh(x,y,abs(u-u_exact))
xlabel('X');ylabel('Y')
title('|u_{num} - u_{exact}|')
```

Bibliography

[1] 김성기, 김도한, 계승혁, 해석개론, 개정판, 서울대학교 출판부, 2002.

[2] C. M. Bender and S. A. Orszag, *Advanced Mathematical Methods for Scientists and Engineers*, McGraw-Hill Book Company, 1978.

[3] J. Dieudonne, *Infinitesimal Calculus*, Hermann, Paris 2005.

[4] A. N. Langville and C. D. Meyer, *Google's PageRank and Beyond: The Science of Search Engine Ranking*, Princeton University Press, Princeton, 2006.

[5] A. N. Langville and C. D. Meyer, *Who's # 1?, The Science of Rating and Ranking*, Princeton University Press, Princeton, 2012.

[6] K. W. Morton and D. F. Mayers, *Numerical Solution of Partial Differential Equations*, Cambridge University Press, 2005.

응용수학의 길

2015년 8월 27일 초판 인쇄
2015년 8월 31일 초판 발행

저　　자 강현배·김도완

발 행 처 인하대학교 출판부
인천광역시 남구 인하로 100
전화 : 032)860-8301
팩스 : 032)862-0080
출판등록 1979. 5. 23. 남구 第13호

인 쇄 처 진원디자인 프린텍
전화 : 032)467-4544~5

ISBN : 978-89-7407-978-9 93410
정가 : 10,000 원